理工科电子信息类DIY系列丛书

硬件描述语言实验教程

胡丹峰　黄　旭　曲　波　编著

苏州大学出版社

图书在版编目(CIP)数据

硬件描述语言实验教程 / 胡丹峰, 黄旭, 曲波编著
. -- 苏州 : 苏州大学出版社, 2022.12
(理工科电子信息类 DIY 系列丛书)
ISBN 978-7-5672-4216-6

Ⅰ. ①硬… Ⅱ. ①胡… ②黄… ③曲… Ⅲ. ①硬件描述语言-实验-高等学校-教材 Ⅳ. ①TP312-33

中国国家版本馆 CIP 数据核字(2023)第 005146 号

内容简介

本书为硬件描述语言 VHDL 和 Verilog HDL 的配套实验指导书。全书共 4 章:第 1 章是 QuartusⅡ的入门向导;第 2 章和第 3 章分别介绍了组合电路和时序电路中典型电路的设计;第 4 章为综合设计型实验。附录部分给出了 KX_DN EDA 系统和基于 FPGA 的数字系统的使用说明及使用指导。

书中的每一个实验都有明确的实验目的、任务和要求,并且给出了一种设计提示。本书既可作为基于 FPGA 的数字电路实验指导书,也可作为教师的参考书。

硬件描述语言实验教程
胡丹峰　黄　旭　曲　波　编著
责任编辑　肖　荣

苏州大学出版社出版发行
(地址: 苏州市十梓街 1 号　邮编:215006)
苏州市深广印刷有限公司印装
(地址: 苏州市高新区浒关工业园青花路 6 号 2 号厂房　邮编: 215151)

开本 787 mm×1 092 mm　1/16　印张 8.25　字数 191 千
2022 年 12 月第 1 版　2022 年 12 月第 1 次印刷
ISBN 978-7-5672-4216-6　定价: 28.00 元

图书若有印装错误,本社负责调换
苏州大学出版社营销部　电话: 0512-67481020
苏州大学出版社网址　http://www.sudapress.com
苏州大学出版社邮箱　sdcbs@suda.edu.cn

前　言

随着现代电子技术的迅速发展,数字系统的硬件设计正朝着速度快、体积小、容量大、重量轻的方向发展。推动该潮流迅猛发展的就是日趋进步和完善的专用集成电路(Application Specific Integrated Circuit,ASIC)技术。目前,数字系统的设计可以直接面向用户需求,根据系统的行为和功能要求,自上而下地逐层完成相应的描述、综合、优化、仿真与验证,直至生成器件系统。其中绝大部分设计过程可以通过计算机自动完成,即电子设计自动化(Electronic Design Automation,EDA)。

目前 EDA 技术在电子信息、通信、自动控制和计算机技术等领域发挥着越来越重要的作用。为了适应 EDA 技术的发展和高校的教学要求,我们编写了本实验教程。本教程突出了 EDA 技术的实用性,以及面向工程实际的特点和学生自主创新能力的培养。

EDA 是数字电路的后续课程,为了更好地和数字电路衔接,我们分两章介绍了组合电路和时序电路中典型电路的设计。考虑到 Verilog 语言的用户需求和高校有的专业 EDA 课程选用 Verilog 语言作为硬件描述语言的教学内容,这两章的每个实验都给出了完整的 VHDL 和 Verilog HDL 参考程序。通过这些实验,读者能够掌握 VHDL 或 Verilog 语言的一般编程方法、硬件描述语言程序设计的基本思想和方法,尽快进入 EDA 的设计实践阶段,熟悉 EDA 开发工具和相关软硬件的使用方法。

本书第 4 章给出了 15 个综合设计型实验,这些实验涉及的技术领域宽,而且具有很好的自主创新的启示性,每个实验都给出了一个设计提示和参考方案,这些方案只是许多方案中的一种,仅供参考,读者可以自己设计其他方案。通过这些实验,读者能够掌握模块化程序设计的思想和方法,提高分析问题和解决问题的能力。

利用硬件描述语言设计电路后,必须借助 EDA 的工具软件才能使此设计在 FPGA 上完成硬件实现,并得到硬件验证。为了让读者快速掌握 EDA 工具软件的使用方法,本书第 1 章介绍了 Quartus Ⅱ 的使用方法,使用的版本是 Quartus Ⅱ 9.0。读者只要根据书中的步骤,就能掌握包括设计输入、综合、适配、仿真和编程下载的方法。附录 1 介绍了 KX_DN EDA 系统的使用方法,可用于完成 VHDL 和 Verilog HDL 语言的硬件电路的实验验证。附录 2 和附录 3 介绍了基于 FPGA 的数字系统实验平台和使用方法,可用于数字电路的实验验证。

书中的所有实验都通过了 EDA 工具的仿真测试并通过 FPGA 平台的硬件验证，每个实验都给出了详细的实验目的、实验原理或设计说明与提示以及实验报告的要求，教师可以根据学时数、教学实验的要求以及不同的学生对象，布置不同任务的实验项目。

本书在编写过程中参考了诸多学者和专家的著作与研究成果，在这里向他们表示衷心的感谢。由于作者水平有限且时间仓促，错误和不当之处在所难免，敬请读者不吝赐教。

编　者

2022 年 11 月

目录

Contents

第 1 章　Quartus Ⅱ入门向导

Quartus Ⅱ软件的操作顺序如下：

- 编辑 VHDL 程序(使用 Text Editor)
- 编译 VHDL 程序(使用 Complier)
- 时序仿真 VHDL 程序(使用 Waveform Editor、Simulator)
- 引脚锁定(使用 Floorplan Editor)
- 下载程序至芯片(使用 Programmer)

下面以四位二进制计数器和七段译码为例介绍 Quartus Ⅱ VHDL 文件的使用方法。因为 FPGA 目标芯片采用的是 Altera(阿尔特拉)公司的 Cyclone Ⅲ系列,型号是 EP3C55F48417N,所以使用的软件版本是 Quartus Ⅱ9.0。

1.1　建立工作库文件夹和编辑设计文件

1. 新建文件夹。

可以利用 Windows 的资源管理器新建一个文件夹,如“D:\edaexe”,文件夹不能用中文名,不能建在桌面,也不要建在 C 盘。

2. 创建工程。

启动 Quartus Ⅱ,进入 Quartus Ⅱ的设计界面,选择“File”→“New Project Wizard”命令,如图 1.1 所示,创建工程。

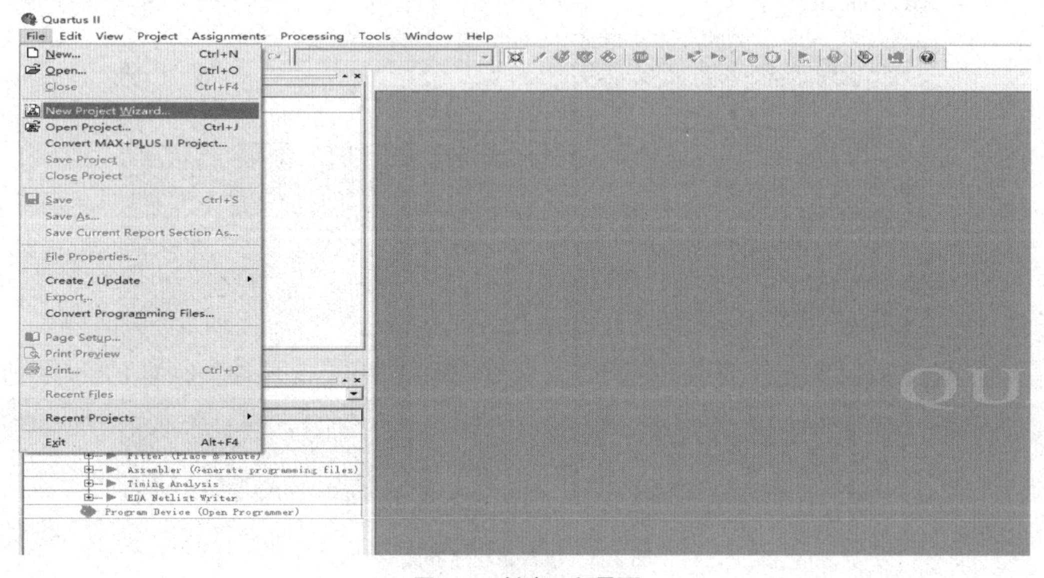

图 1.1　创建工程界面

进入图 1.2 所示的对话框。单击该对话框最上面一栏右侧的“…”按钮，找到文件夹“D:\edaexe”作为当前的工作目录。第二栏是当前的工程名，第三栏是顶层文件实体名。然后单击“Finish”按钮。

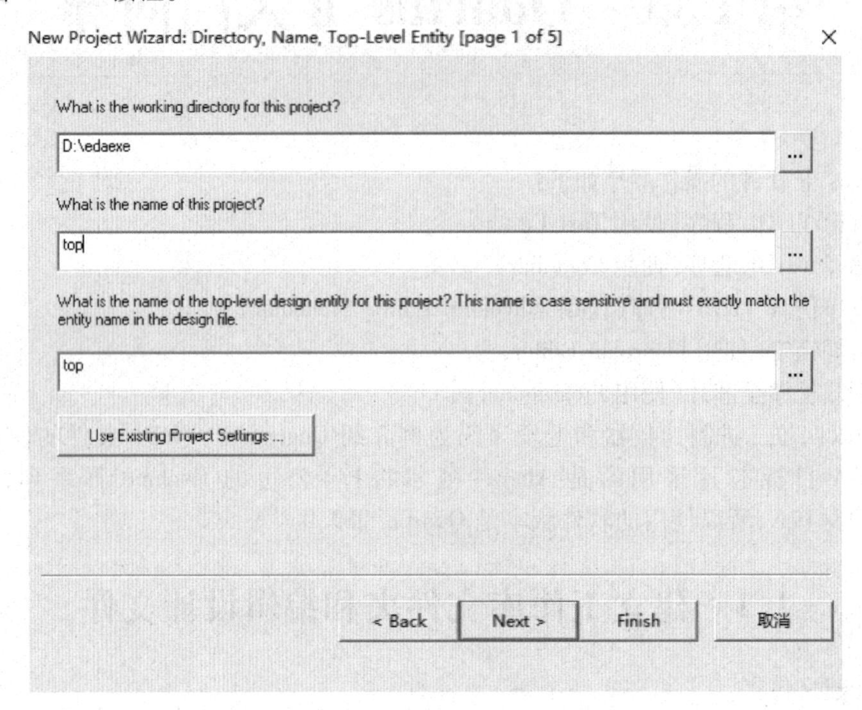

图 1.2　创建工程对话框

3. 编辑源程序。

选择“File”命令，出现如图 1.3 所示的界面。选择“New”命令，弹出图 1.4 所示的对话框，选择“VHDL File”，单击“OK”按钮。

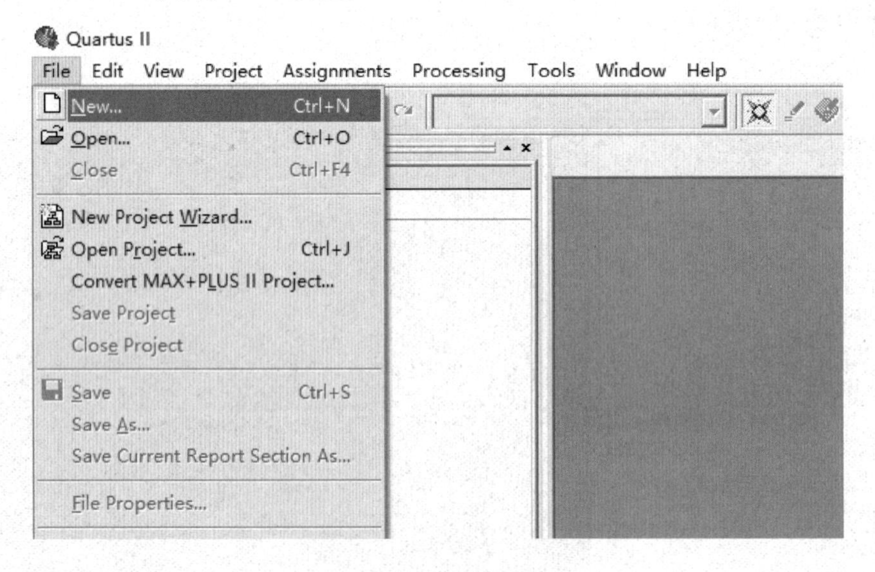

图 1.3　输入源程序界面

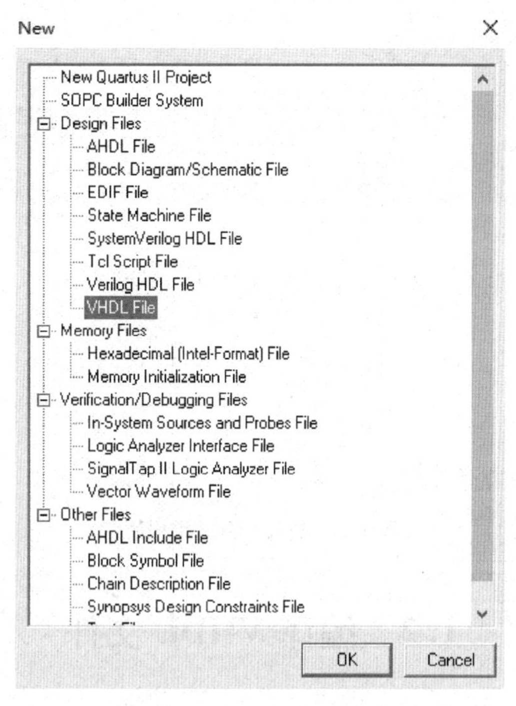

图 1.4　选择 VHDL 文件

在文本编辑窗口中输入如下 VHDL 源程序,如图 1.5 所示。

```
LIBRARY IEEE;
USE IEEE.STD_LOGIC_1164.ALL;
ENTITY CNT4 IS
  PORT (CLK : IN STD_LOGIC;
      Q: BUFFER INTEGER RANGE 0 TO 15);
  END CNT4;
ARCHITECTURE behav OF CNT4 IS
  BEGIN
  PROCESS(CLK)
    BEGIN
      IF CLK'EVENT AND CLK = '1' THEN
        Q <= Q + 1;
      END IF;
  END PROCESS;
END behav;
```

输入完成后,选择菜单“File”→“Save As”,将源程序保存在已创建的文件夹“D:\edaexe”中,文件名为实体名“CNT4”。

创建工程也可以在输入 VHDL 程序后进行,如果前面没有创建工程,则输入 VHDL 程序后,会出现问句“Do you want to create a new project with this file”,若单击“是”按钮,则直接创建工程。

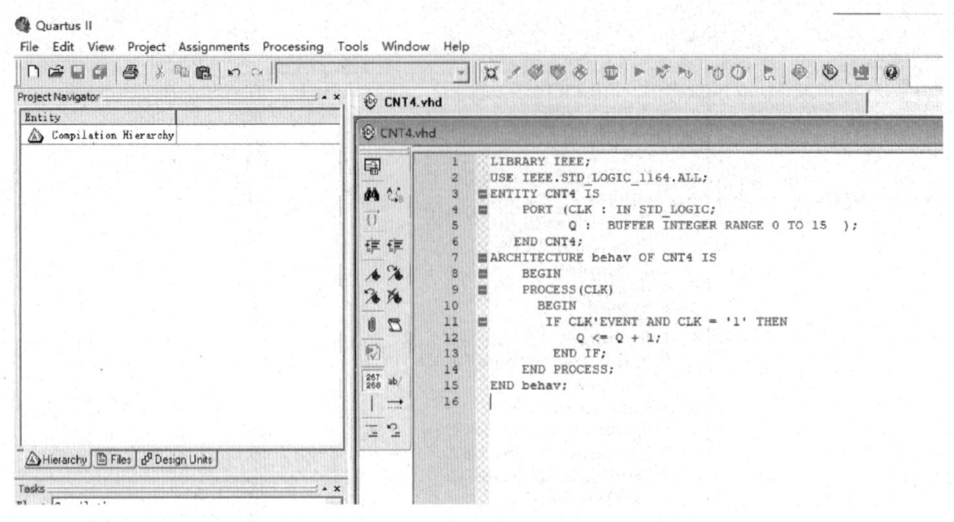

图 1.5　输入 VHDL 源程序

1.2　编译 VHDL 文件

在对工程进行编译处理前，要进行一些相应的设置。

1. 选择 FPGA 目标芯片。

选择“Assignments”→“Device”，如图 1.6 所示，在芯片系列一栏选择“Cyclone Ⅲ”，在列出的可用芯片中选择“EP3C55F48417”作为目标芯片。

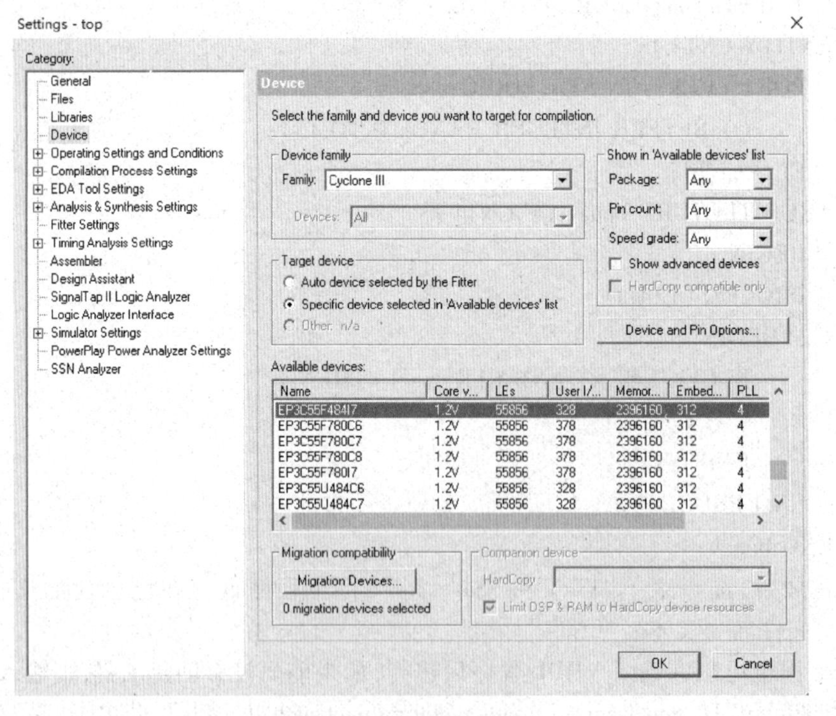

图 1.6　目标芯片选择

目标芯片的选择也可在创建工程的时候确定。

2. 器件的其他设置。

在图 1.6 中,单击"Device and Pin Options"按钮,弹出如图 1.7 所示的对话框。在"General-Options"中选择"Auto – restart configuration after error",在"Configuration"项选择"Active Serial(can use Configuration device)",在"Unused Pins"项选择"As input tristated with weak pull-up resistor",其他可不选。

Device and Pin Options
Voltage | Pin Placement | Error Detection CRC
Capacitive Loading | Board Trace Model | I/O Timing
General | Configuration | Programming Files | Unused Pins | Dual-Purpose Pins
Specify general device options. These options are not dependent on the configuration scheme.
Options:
Auto-restart configuration after error
Release clears before tri-states
Enable user-supplied start-up clock (CLKUSR)
Enable device-wide reset (DEV_CLRn)
Enable device-wide output enable (DEV_OE)
Enable INIT_DONE output
Enable OCT_DONE
Auto usercode
JTAG user code (32-bit hexadecimal): FFFFFFFF
In-system programming clamp state:
Delay entry to user mode:
Description:
Sets the JTAG user code to match the checksum value of the device programming file. The programming file is a Programmer Object File (.pof) for non-volatile devices, such as MAX II devices, or an SRAM Object File (.sof) for SRAM-based devices. If you turn this option on, the JTAG user code option is not available.
Reset
确定　取消

图 1.7　器件的设置

3. 选择确认 VHDL 语言版本。

在"Category"→"Analysis & Synthesis Settings"一栏选择"VHDL 1993",如图 1.8 所示。

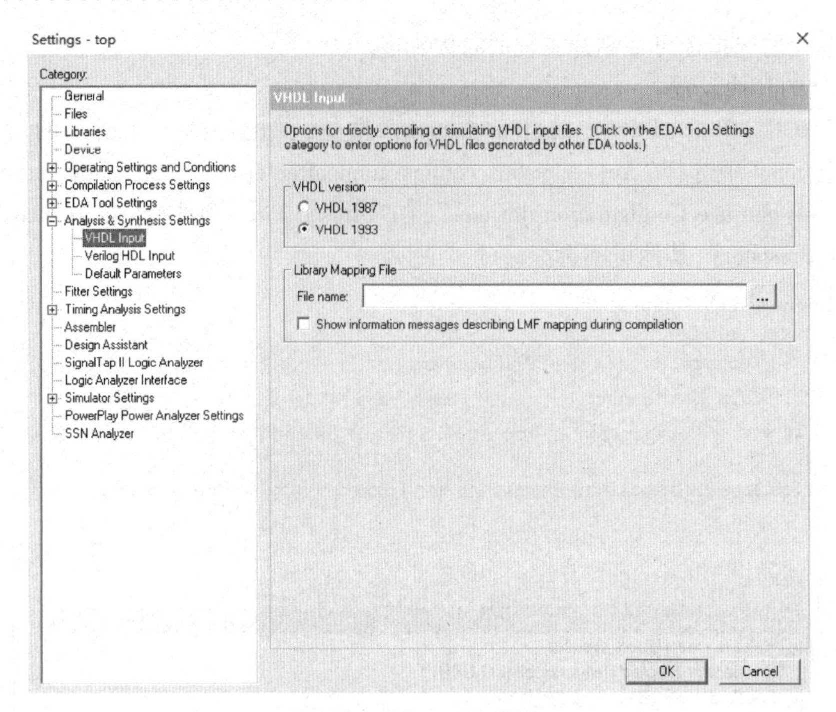

图 1.8　选择 VHDL 版本

4. 全程编译。

在全程编译前，选择“Project”→“Set as Top-Level Entity”命令，使当前的 CNT4 成为顶层文件，如图 1.9 所示。

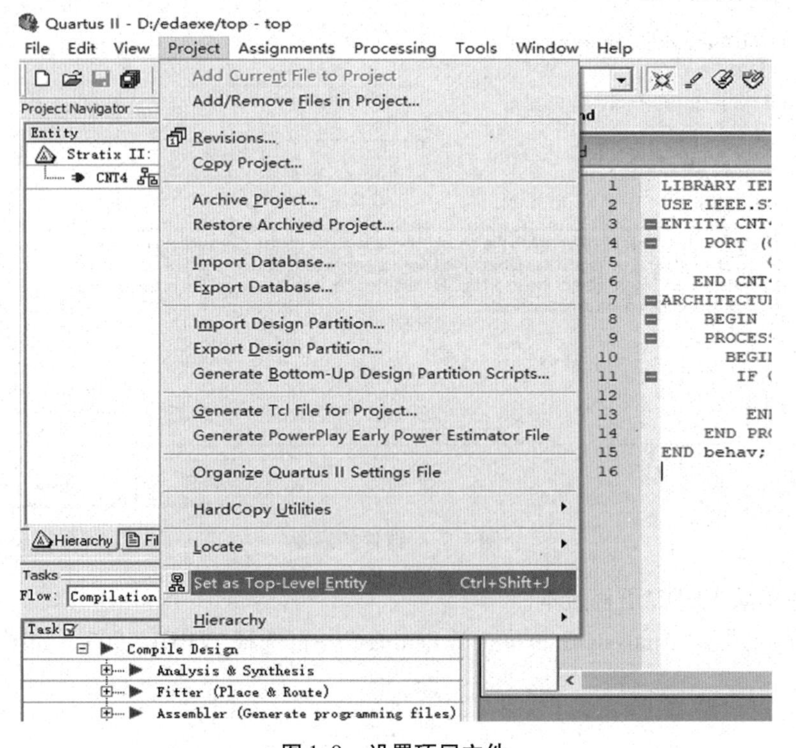

图 1.9　设置顶层文件

选择“Processing”→“Start Compilation”命令或选择 ▶ ,进行全程编译,如图 1.10 所示。

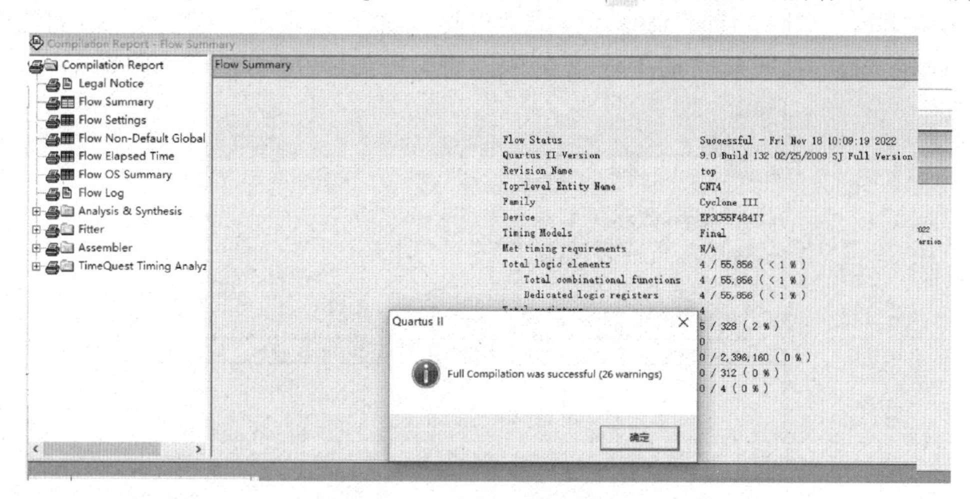

图 1.10　全程编译后的报告信息

1.3　时序仿真

编译工作完成后,必须对其功能和时序性质进行仿真测试,以了解设计结果是否满足设计要求。以 VWF 文件方式进行仿真的步骤如下:

1. 打开波形编辑器。

选择“File”→“New”→“Vector Waveform File”命令,单击“OK”按钮,启动波形编辑器,如图 1.11 所示。

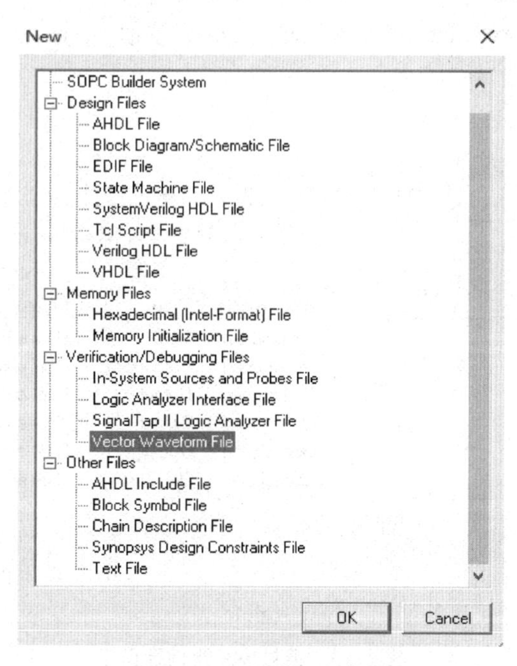

图 1.11　打开波形编辑器

2. 设置仿真时间区域。

选择“Edit”→“End Time”命令，设置仿真时间，如图 1.12 所示。若时间太短，可能会使仿真波形不完整。在图 1.12 的 Time 文本框中，将 1.0 改为 40.0 或者更大的数值。

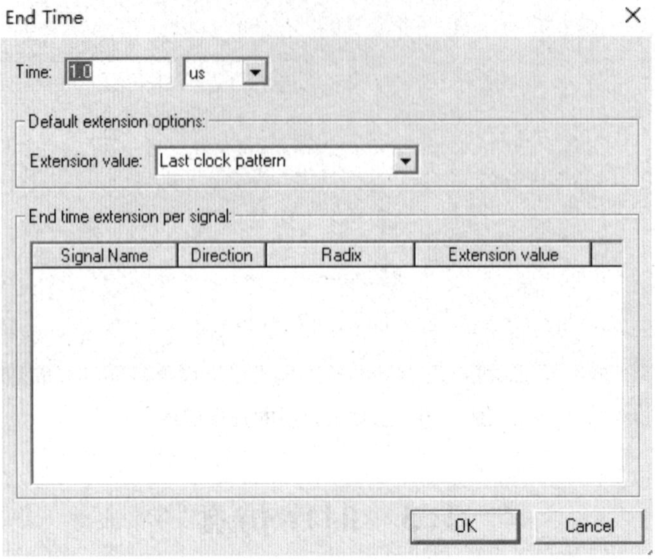

End Time
Time: 1.0 us
Default extension options:
Extension value: Last clock pattern
End time extension per signal:
Signal Name | Direction | Radix | Extension value
OK Cancel

图 1.12 设置仿真时间

3. 波形文件存盘。

选择“File”→“Save As”命令，以文件名“CNT4. vwf”存入文件夹“D:\edaexe”中。

4. 将 CNT4 的端口信号节点选入波形编辑器中。

选择“View”→“Utility Windows”→“Node Finder”命令，弹出如图 1.13 所示的对话框，在“Filter”下拉列表中选择“Pins:all”，然后单击“List”按钮，于是在下方的“Nodes Found”窗口中出现 CNT4 的所有端口引脚名。

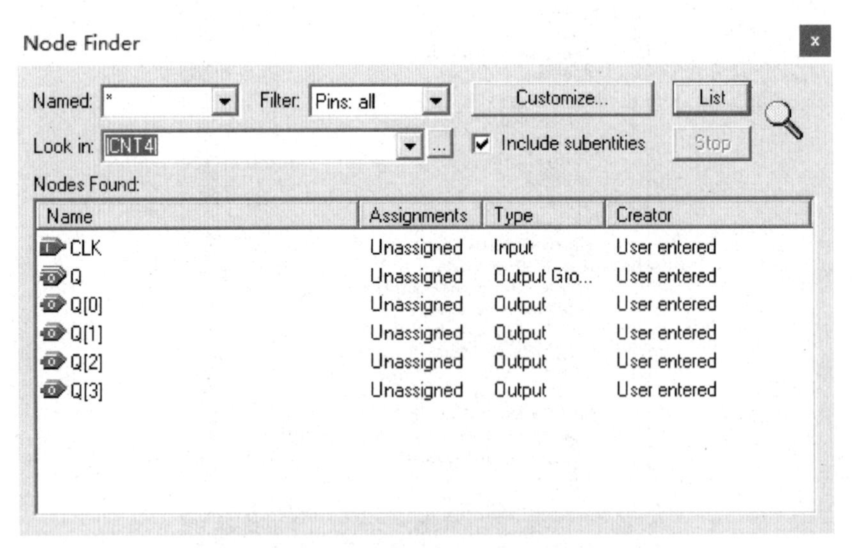

图 1.13 信号节点查询窗口

5. 将 CNT4 的端口信号节点 CLK、Q 拖入波形编辑器中，如图 1.14 所示。

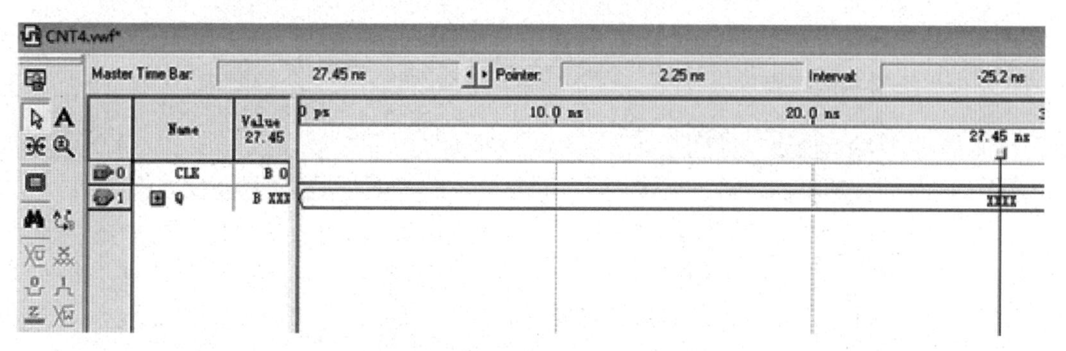

图 1.14　将信号节点拖入编辑器

6. 编辑输入波形(输入激励信号)。

先单击时钟信号 CLK，使之变成蓝色条，再单击左列波形赋值快捷键中的时钟设置键，弹出如图 1.15 所示的窗口。

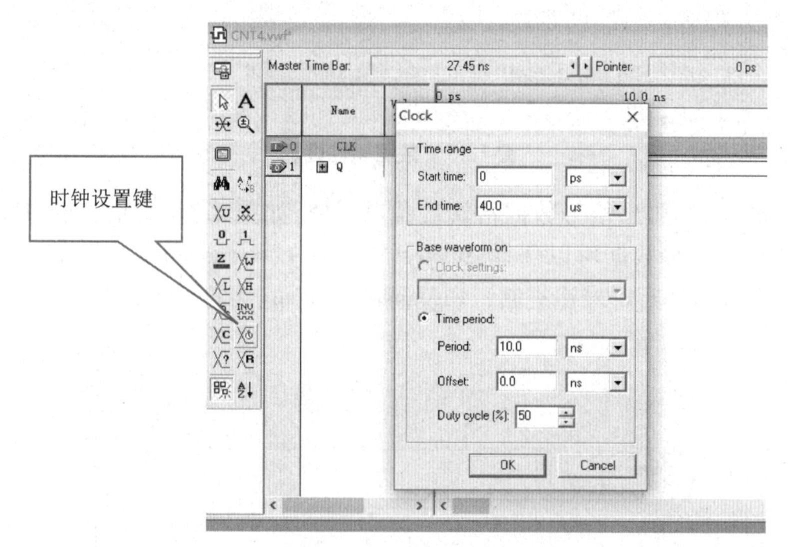

图 1.15　设置时钟

设置完成后单击“OK”按钮，如图 1.16 所示，选择“File”→“Save”存盘。

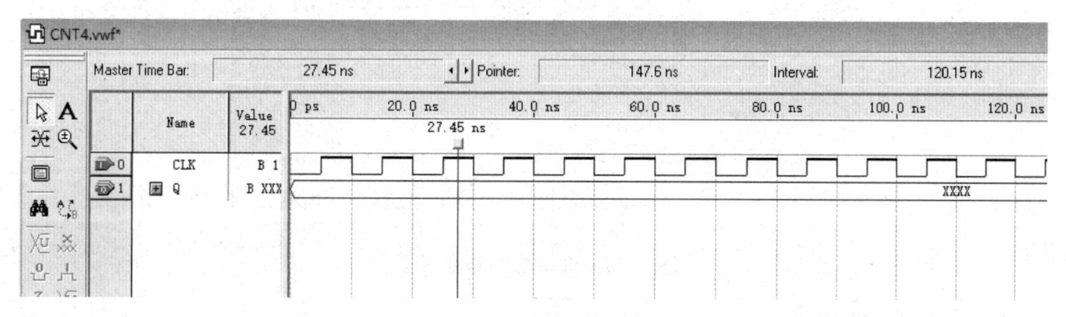

图 1.16　编辑输入信号

图 1.16 中的 Q 是总线信号(信号左边有符号“ + ”)，单击“ + ”，则展开该总线中的所

有信号;单击 Q 信号,则该行变为蓝色;单击鼠标右键,弹出信号数据属性设置对话框,如图 1.17 所示。

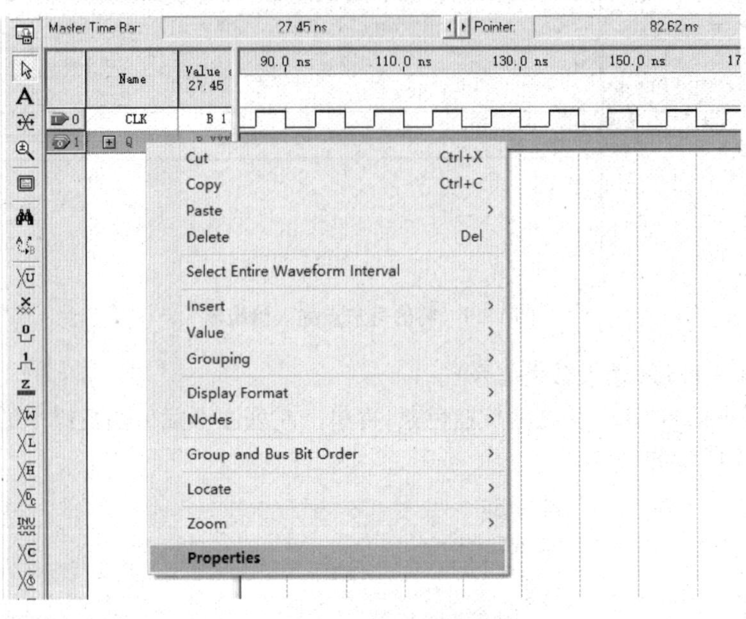

图 1.17　数据属性设置

单击“Properties”,弹出信号数据格式设置对话框,如图 1.18 所示。在“Radix”一栏列出的七种数据中有五种数据可以选择:Binary(二进制)、Hexadecimal(十六进制)、Octal(八进制)、Signed Decimal(有符号十进制)、Unsigned Decimal(无符号十进制)。

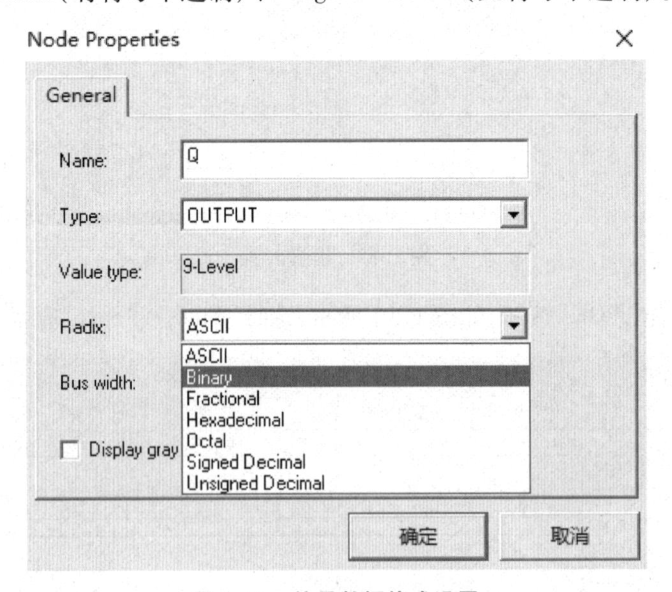

图 1.18　信号数据格式设置

7. 仿真器参数设置。

选择“Assignment”→“Settings”命令,在“Category”栏选择“Simulator Settings”,如图 1.19 所示,在“Simulation mode”一栏选择“Timing”,在“Simulation input”一栏单击“…”调入 CNT4. vwf。

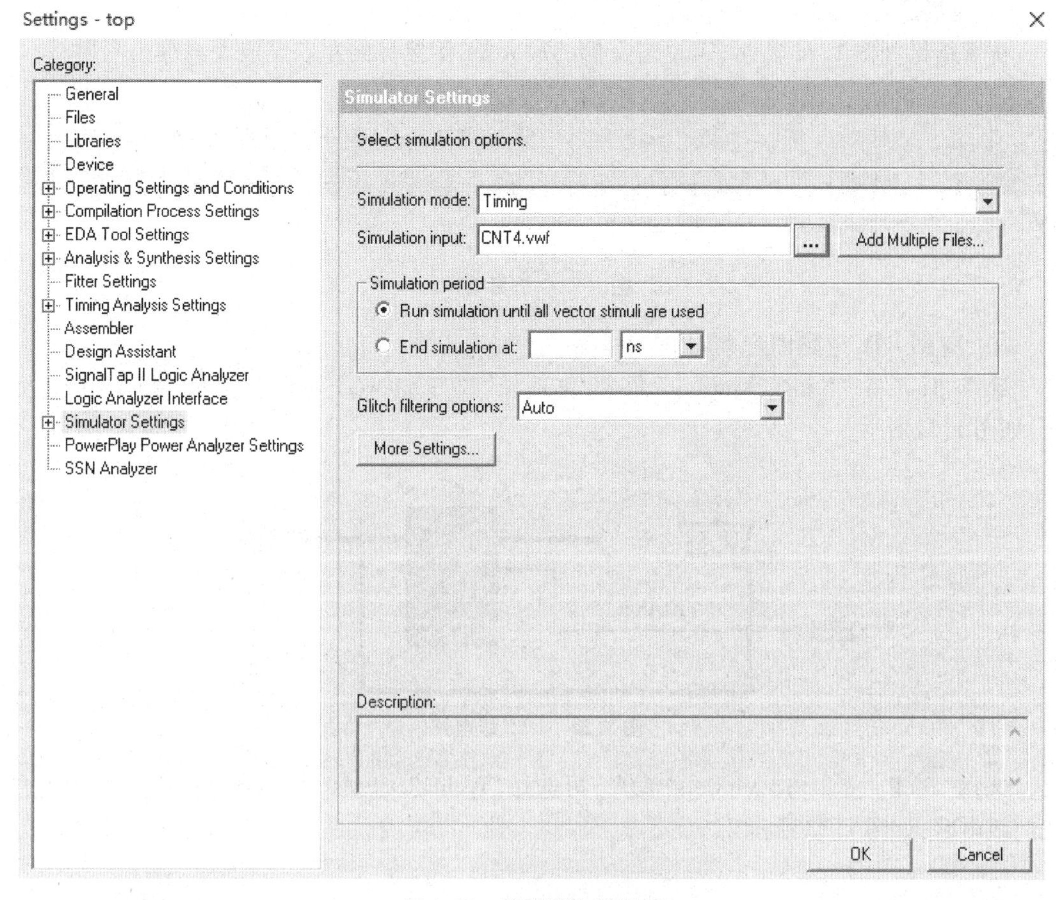

图 1.19　**仿真器参数设置**

8. 启动仿真器。

选择"Processing"→"Start Simulation"命令或选择 ，启动仿真器。直到出现"Simulation was successful"，仿真结束，如图 1.20 所示。

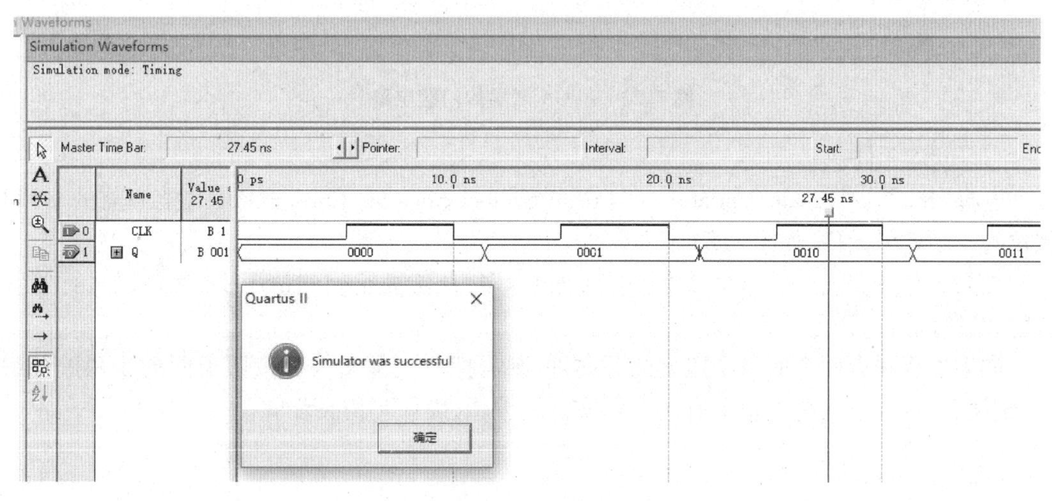

图 1.20　**仿真结束**

9. 观察仿真结果。

仿真结果如图 1.21 所示，可单击左侧的放大镜，用鼠标的左右键放大或缩小图形。

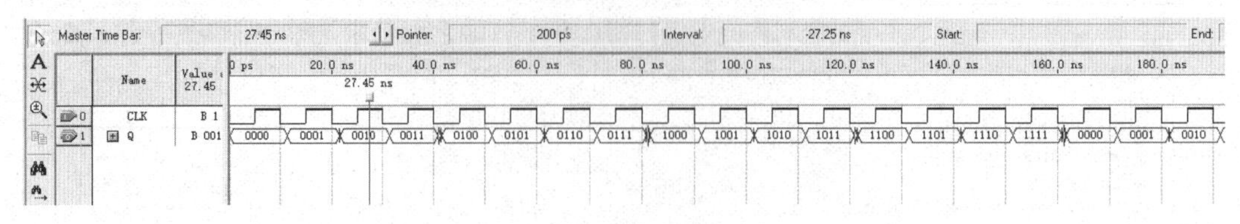

图 1.21　仿真结果

10. 应用 RTL 电路图观察器。

选择"Tool"→"Netlist Viewers"命令，再选择"RTL Viewer"可看到生成的 RTL 级电路图，如图 1.22所示。

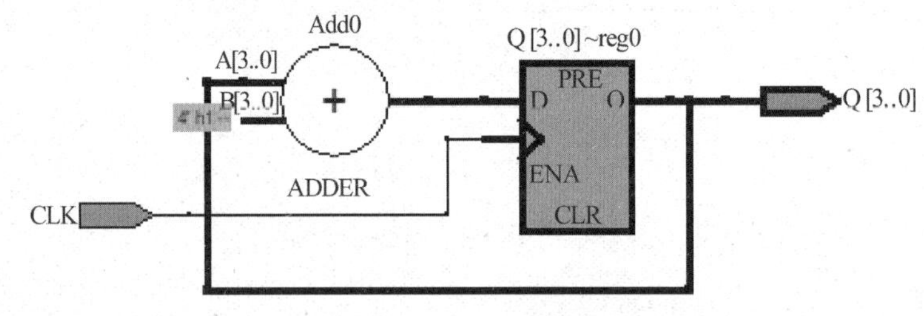

图 1.22　RTL 级电路

选择"Tool"→"Netlist Viewers"命令，再选择"Technology Map Viewer"可看到 FPGA 底层的门级电路，如图 1.23 所示。

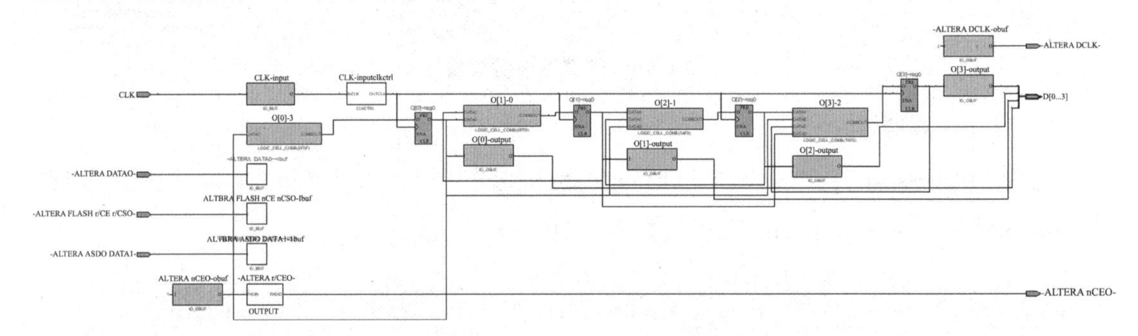

图 1.23　FPGA 底层的门级电路

11. 创建元件。

选择"File"→"Create/Update"→"Create Symbol Files for Current File"，把当前的 CNT4 创建为一个符号元件，如图 1.24 所示。

如果工程中只有一个 VHDL 源文件，如 CNT4，在仿真正确的情况下，就可以进行管脚映射和硬件验证，详见 1.5 节。

如果工程中有两个或两个以上的源文件，则需把每个源文件都按照上面的步骤进行编辑、编译、仿真。下面是工程中有两个源文件的编辑、编译和仿真步骤。

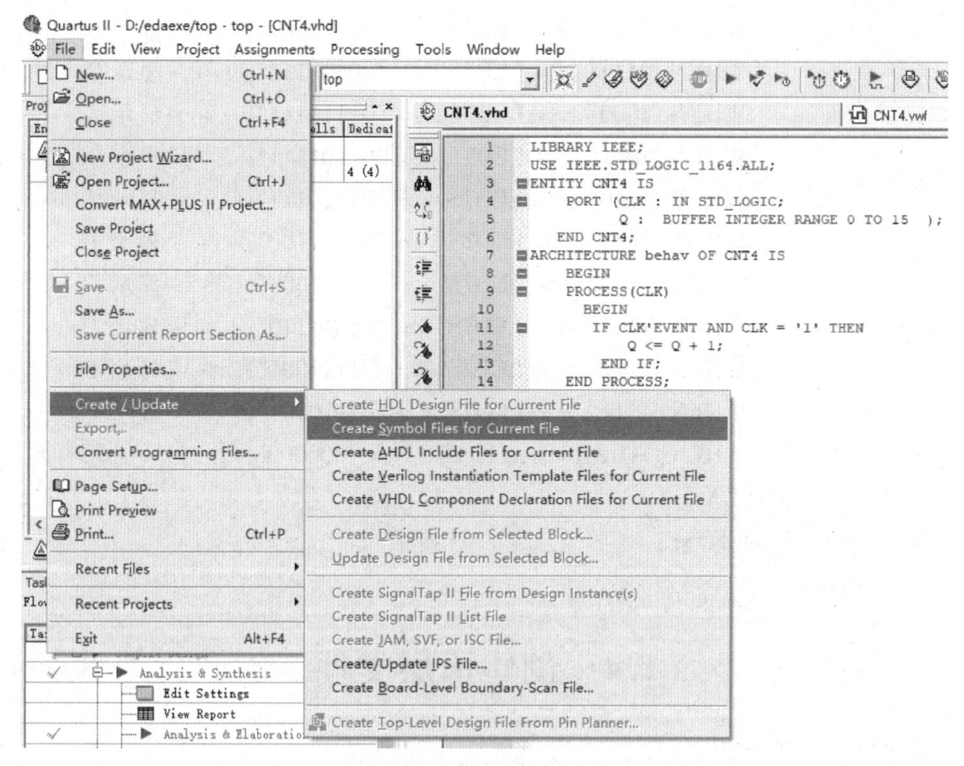

图 1.24　创建元件

12. 编辑 DECL7S 的源程序、编译和仿真。

重复1.1 节的步骤3 到1.3 节的步骤11，编辑七段译码的源程序、编译和仿真。注意把源程序 DECL7S 放入 CNT4 同一个目录中。程序如下：

```
LIBRARY IEEE;
USE IEEE.STD_LOGIC_1164.ALL;
ENTITY DECL7s IS
    PORT (a : IN STD_LOGIC_VECTOR(3 DOWNTO 0);
          LED7S : OUT STD_LOGIC_VECTOR(7 DOWNTO 0));
END DECL7S;
ARCHITECTURE behav OF DECL7s  IS
BEGIN
    PROCESS(a)
    BEGIN
        CASE a(3 DOWNTO 0) IS                                  --译码电路
            WHEN "0000" => LED7S <= "00111111";   --显示 0
            WHEN "0001" => LED7S <= "00000110";   --显示 1
            WHEN "0010" => LED7S <= "01011011";   --显示 2
            WHEN "0011" => LED7S <= "01001111";   --显示 3
            WHEN "0100" => LED7S <= "01100110";   --显示 4
            WHEN "0101" => LED7S <= "01101101";   --显示 5
```

```
            WHEN "0110" => LED7S <= "01111101";    --显示 6
            WHEN "0111" => LED7S <= "00000111";    --显示 7
            WHEN "1000" => LED7S <= "01111111";    --显示 8
            WHEN "1001" => LED7S <= "01101111";    --显示 9
            WHEN "1010" => LED7S <= "01110111";    --显示 A
            WHEN "1011" => LED7S <= "01111100";    --显示 B
            WHEN "1100" => LED7S <= "00111001";    --显示 C
            WHEN "1101" => LED7S <= "01011110";    --显示 D
            WHEN "1110" => LED7S <= "01111001";    --显示 E
            WHEN "1111" => LED7S <= "01110001";    --显示 F
            WHEN OTHERS  => LED7S <= "00000000";    --必须有此项
        END CASE;
    END PROCESS;
END behav;
```

1.4　创建顶层文件

下面用图形法创建顶层文件。

在 Quartus Ⅱ平台上,使用图形编辑输入法设计电路的操作流程,包括编辑、编译、仿真和编程下载等基本过程。用 Quartus Ⅱ图形编辑方式生成的图形文件的扩展名为“.bdf”。

1. 选择“File”→“New”命令,弹出图 1.25 所示的对话框,选择“Block Diagram/Schematic File”。

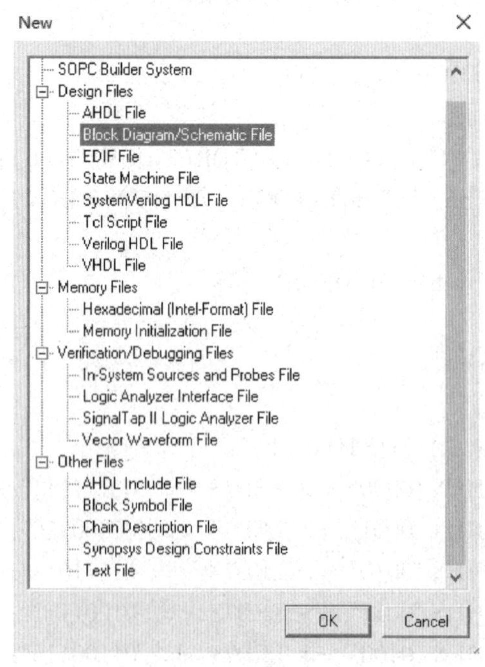

图 1.25　创建图形文件

2. 选择元件。

在原理图编辑窗中的任何一个位置上双击鼠标左键或单击右键选择“Insert”→“Symbol”,将弹出一个元件选择窗,如图 1.26 所示。

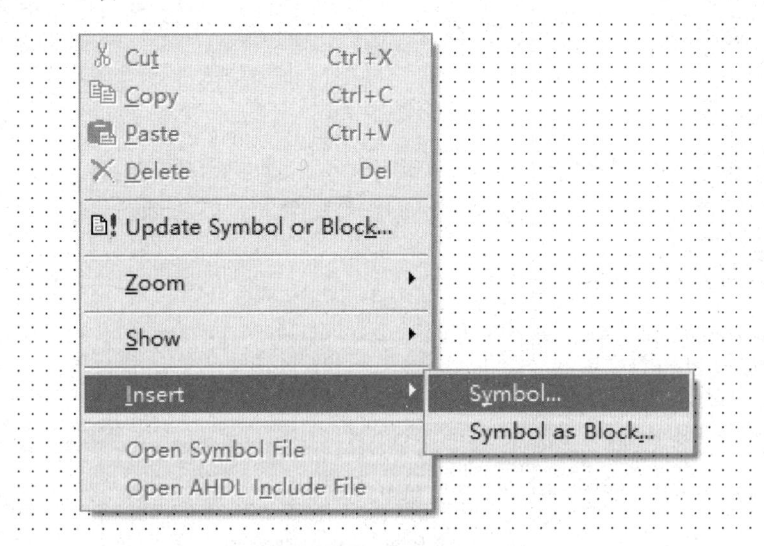

图 1.26　元件选择

在“Project”库中选择元件 CNT4、DECL7S,如图 1.27 所示,单击“OK”按钮,把元件放入 dbf 界面。

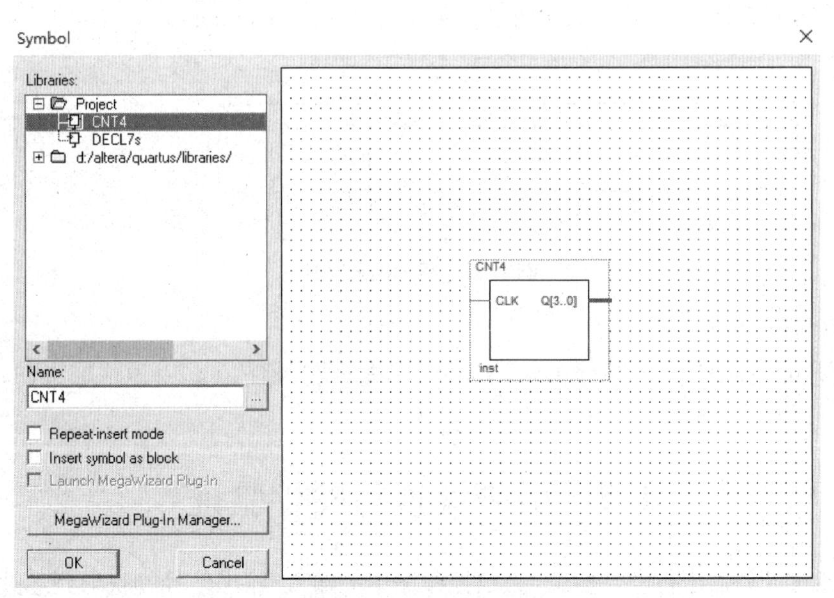

图 1.27　元件选择窗口

在“primitives”→“pin”库中选择 input 和 output 管脚,如图 1.28 所示。

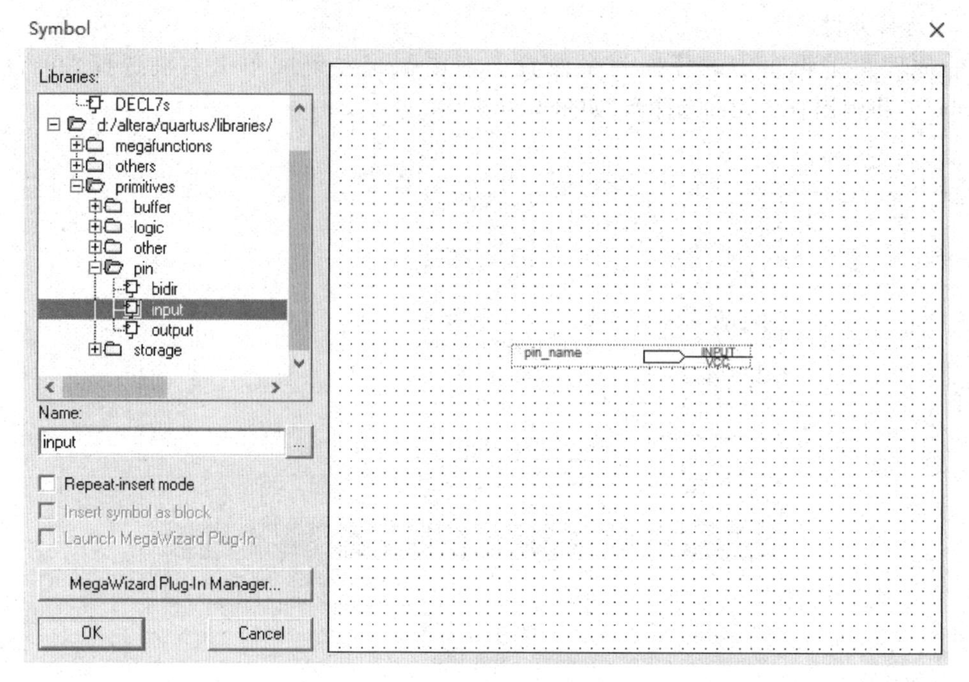

图 1.28 输入/输出管脚选择

3. 编辑图形文件。

元件和输入/输出管脚放置好后,连接元件、管脚,修改输入管脚名称为"clk",输出管脚名称为"LED7S[7..0]",如图 1.29 所示。另存文件名为"top. dbf"。

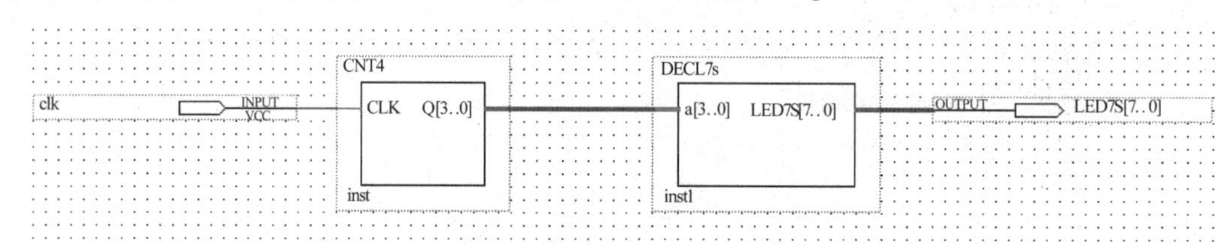

图 1.29 编辑图形文件

4. 编译顶层文件。

选择"Project"→"Set as Top-Level Entity"命令,使当前的 top 成为顶层文件,编译顶层文件。

1.5 引脚设置与硬件验证

为了能对计数器进行硬件验证,必须把程序中的输入/输出信号脚映射到芯片的确定管脚上,并编译下载。

1. 确定引脚与插座针脚的对应关系。

实验设备采用的是 KX_DN EDA 实验系统,详细使用方法见附录 1。使用的 FPGA 目标芯片引脚如图 1.30 所示。

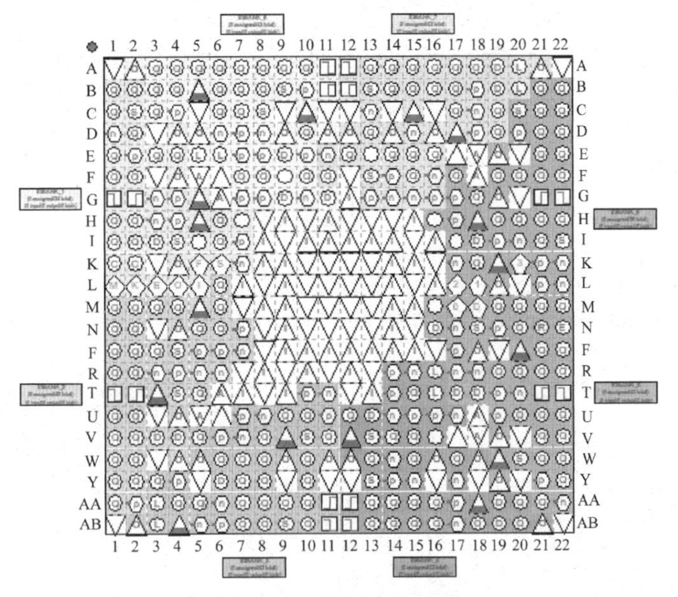

图 1.30　目标芯片引脚

可供用户使用的芯片引脚已经接入 FPGA 模块的相应插座上，如图 1.31 所示。比如 EP3C55F48417 芯片的 J4、J5、P3、R1、T4、U1、U2、V1 脚分别与插座 JP2 的八个针脚相连，如果要把某个信号接到 J4 脚上，只要接到 JP2 插座左上角那个针脚上即可。

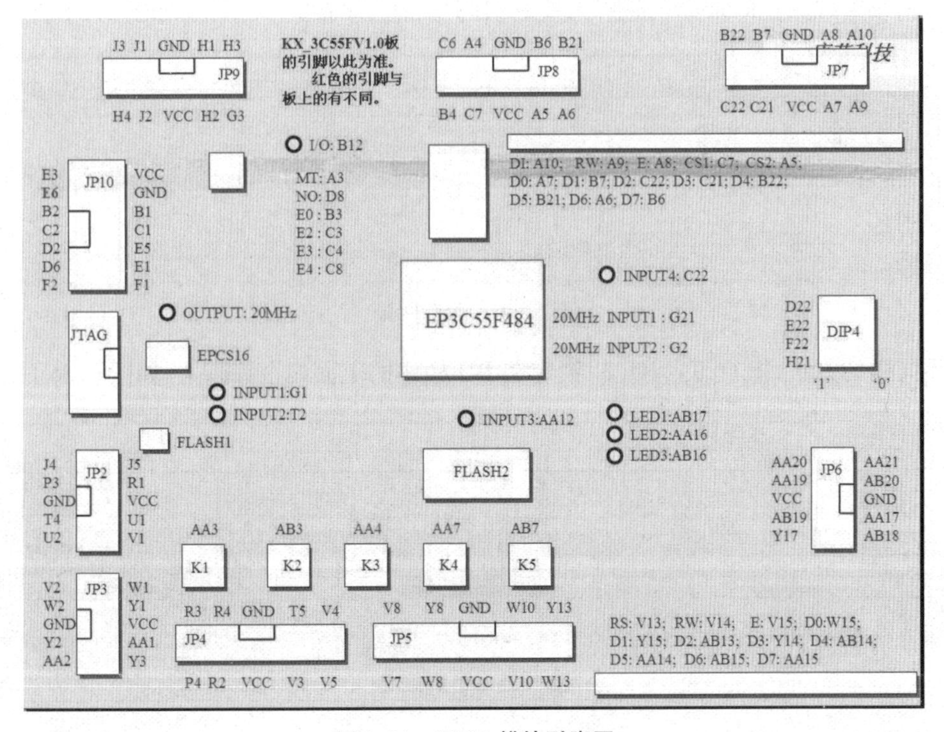

图 1.31　FPGA 模块引脚图

为了方便,假设该 TOP 工程中只有一个计数器元件,如图 1.32 所示。

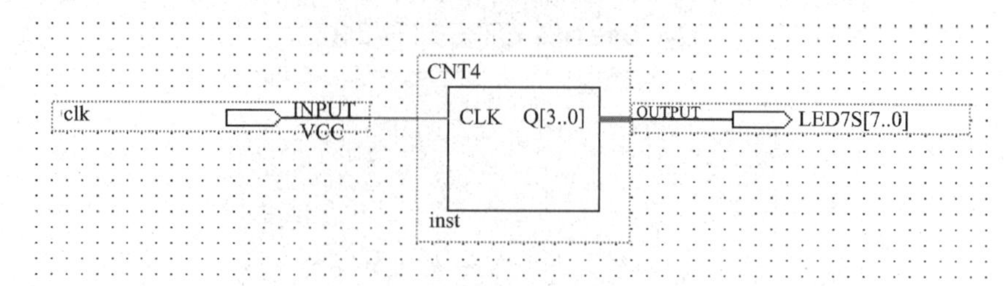

图 1.32 计数器顶层文件

2. 引脚锁定。

选择“Assignments”→“pin”,出现如图 1.33 所示的界面。

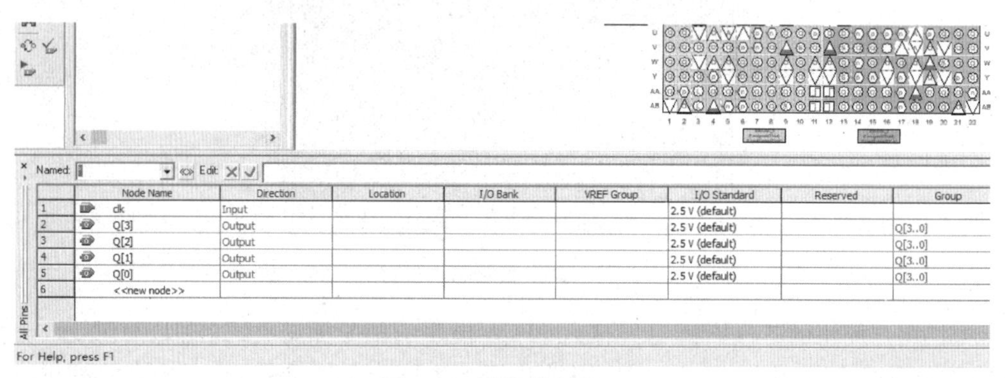

	Node Name	Direction	Location	I/O Bank	VREF Group	I/O Standard	Reserved	Group
1	clk	Input				2.5 V (default)		
2	Q[3]	Output				2.5 V (default)		Q[3..0]
3	Q[2]	Output				2.5 V (default)		Q[3..0]
4	Q[1]	Output				2.5 V (default)		Q[3..0]
5	Q[0]	Output				2.5 V (default)		Q[3..0]
6	<<new node>>							

图 1.33 引脚锁定窗口

双击“clk”栏的“location”,选择对应的引脚号,把 clk 接到 J4 脚上,如图 1.34 所示。

	Node Name	Direction	Location	I/O Bank	VREF Group	I/O Standard	Reserved
1	clk	Input	PIN_J			2.5 V (default)	
2	Q[3]	Output					
3	Q[2]	Output					
4	Q[1]	Output					
5	Q[0]	Output					
6	<<new node>>						

Pin	I/O Bank	Type	Function
PIN_J1	IOBANK_1	Row I/O	DIFFIO_L15n
PIN_J2	IOBANK_1	Row I/O	DIFFIO_L15p
PIN_J3	IOBANK_1	Row I/O	DIFFIO_L14n
PIN_J4	IOBANK_1	Row I/O	DIFFIO_L12p, DQS0L/CQ1L,DPCLK0
PIN_J5	IOBANK_1	Row I/O	
PIN_J6	IOBANK_1	Row I/O	DIFFIO_L6n
PIN_J7	IOBANK_1	Row I/O	DIFFIO_L11p
PIN_J17	IOBANK_6	Row I/O	

图 1.34 锁定 J4 脚

用同样的方法,把 Q[0]~Q[3]锁定在 JP3 插座的上面四个针脚上,如图 1.35 所示。

	Node Name	Direction	Location	I/O Bank	VREF Group	I/O Standard
1	clk	Input	PIN_J4	1	B1_N1	2.5 V (default)
2	Q[3]	Output	PIN_Y1	2	B2_N1	2.5 V (default)
3	Q[2]	Output	PIN_W2	2	B2_N1	2.5 V (default)
4	Q[1]	Output	PIN_W1	2	B2_N1	2.5 V (default)
5	Q[0]	Output	PIN_V2	2	B2_N0	2.5 V (default)
6	<<new node>>					

图 1.35 引脚锁定

引脚锁定后需要重新编译,选择“Processing”→“Start Compilation”命令,进行编译。

3. 导线连接。

在试验箱上，把导线一头的短路帽接在标准时钟信号源的 1 Hz 上，一头插在 JP2 的 J4 针脚上，用十芯线一头连接 JP3，一头连接 32 位输入显示 HEX 模块的四个插座中任何一个。

4. 文件下载。

把 USB 下载器一头接到计算机的 USB 口，一头接到试验箱的 JTAG 接口上。选择“Tool”→“Programmer”命令，弹出如图 1.36 所示的窗口，选中(打钩)下载文件右侧的第一个小方框。在“Hardware Setup”表框中选择“USB-Blaster”，如果显示“No Hardware”，则单击“Add Hardware”按钮，添加“USB-Blaster”。单击“Start”按钮即进入对目标器件 FPGA 的配置下载。

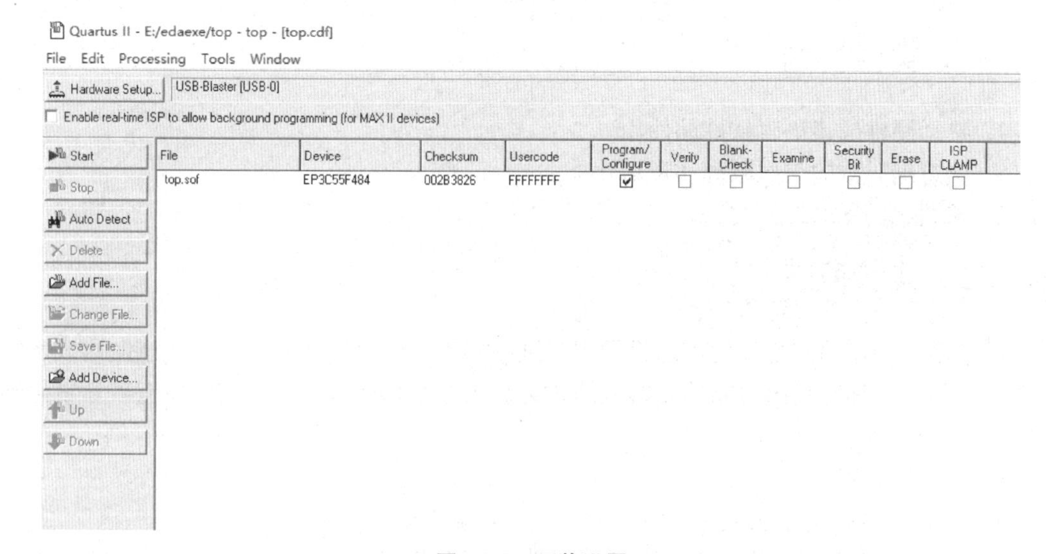

图 1.36　下载设置

5. 硬件验证。

下载完成后，可以看到数码管上的数字从 0 ~ F 变化，如图 1.37 所示。

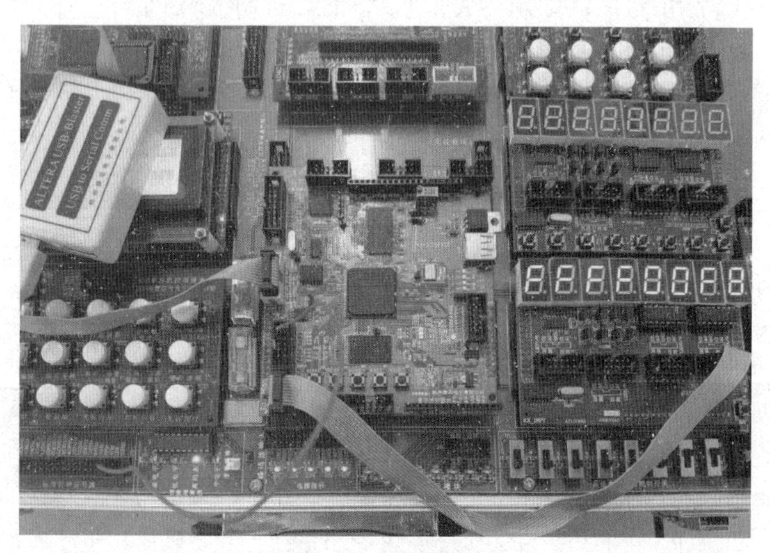

图 1.37　硬件验证

第2章 组合电路设计

2.1 编码器设计

一、实验目的

1. 熟悉硬件描述语言软件的使用。
2. 熟悉编码器的工作原理和逻辑功能。
3. 掌握编码器的设计方法。

二、实验原理

数字系统中存储或处理的信息通常用二进制码表示。编码就是用一个二进制码表示特定含义的信息。具有编码功能的逻辑电路称为编码器。目前常使用的编码器有普通编码器和优先编码器两类。

1. 普通编码器。

在普通编码器中，任何时刻只允许输入一个编码信号，否则，输出将发生混乱。常用的是二进制编码器。二进制编码器是用 n 位二进制代码对 2^n 个信号进行编码的电路。图 2.1 是 n 位二进制编码器示意图。$I_0 \sim I_{2^n-1}$ 是 2^n 个输入编码信号，输出是 n 位二进制代码，用 $Y_0 \sim Y_n$ 表示。表 2.1 为 3 位二进制编码器的真值表。表中，任何时刻编码器只能对一个输入信号进行编码，即输入的 $I_0 \sim I_7$ 这 8 个变量中，任何一个输入变量为 1 时，其余 7 个输入变量均为 0。

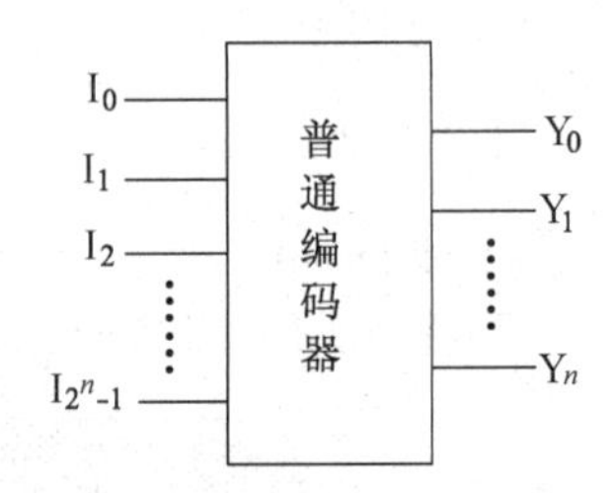

图 2.1 普通编码器示意图

表 2.1 3 位二进制编码器的真值表

I_0	I_1	I_2	I_3	I_4	I_5	I_6	I_7	Y_2	Y_1	Y_0
1	0	0	0	0	0	0	0	0	0	0
0	1	0	0	0	0	0	0	0	0	1
0	0	1	0	0	0	0	0	0	1	0
0	0	0	1	0	0	0	0	0	1	1
0	0	0	0	1	0	0	0	1	0	0
0	0	0	0	0	1	0	0	1	0	1
0	0	0	0	0	0	1	0	1	1	0
0	0	0	0	0	0	0	1	1	1	1

由真值表可得

$$Y_2 = I_4 + I_5 + I_6 + I_7$$

$$Y_1 = I_2 + I_3 + I_6 + I_7$$

$$Y_0 = I_1 + I_3 + I_5 + I_7$$

2. 优先编码器。

在优先编码器电路中,允许同时输入两个以上的编码信号,每个输入端有不同的优先权,当两个以上的输入端同时输入有效电平时,输出的总是其中优先权最高的输入端的编码。至于优先级别的高低,则是根据设计要求来决定的。

74LS148/74HC148 是 8 线—3 线优先编码器,其逻辑符号图如图 2.2 所示,其真值表如表 2.2 所示。

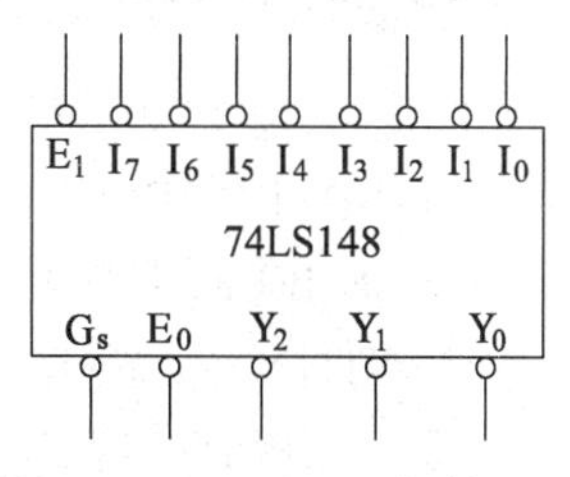

图 2.2　74LS148 逻辑符号图

表 2.2　8 线—3 线优先编码器 74LS148 的真值表

输　入									输　出				
$\overline{E_1}$	I_0	I_1	I_2	I_3	I_4	I_5	I_6	I_7	$\overline{Y_2}$	$\overline{Y_1}$	$\overline{Y_0}$	$\overline{G_S}$	$\overline{E_0}$
1	×	×	×	×	×	×	×	×	1	1	1	1	1
0	1	1	1	1	1	1	1	1	1	1	1	1	0
0	×	×	×	×	×	×	×	0	0	0	0	0	1
0	×	×	×	×	×	×	0	1	0	0	1	0	1
0	×	×	×	×	×	0	1	1	0	1	0	0	1
0	×	×	×	×	0	1	1	1	0	1	1	0	1
0	×	×	×	0	1	1	1	1	1	0	0	0	1
0	×	×	0	1	1	1	1	1	1	0	1	0	1
0	×	0	1	1	1	1	1	1	1	1	0	0	1
0	0	1	1	1	1	1	1	1	1	1	1	0	1

三、实验内容

1. 根据真值表(表 2.1)编写 8 线—3 线普通编码器的程序。
2. 根据真值表(表 2.2)编写 8 线—3 线优先编码器的程序。
3. 通过仿真、下载验证设计的正确性。

四、设计提示

IF、CASE 语句是顺序语句,只可以在进程内部使用。

五、实验报告要求

1. 分析电路的工作原理。

2. 写出普通编码器、优先编码器的源程序。
3. 比较顺序语句和并行语句的异同。
4. 画出仿真波形,并分析仿真结果。

六、参考程序

1. 8 线—3 线普通编码器 VHDL 参考程序。

```
LIBRARY IEEE;
USE IEEE.STD_LOGIC_1164.ALL;
ENTITY encoder83 IS
     PORT(I: IN STD_LOGIC_VECTOR(7 DOWNTO 0);
          Y: OUT STD_LOGIC_VECTOR(2 DOWNTO 0));
END encoder83;
ARCHITECTURE dataflow OF encoder83 IS
BEGIN
      PROCESS (I)
      BEGIN
            CASE I IS
                 WHEN "10000000" => Y <="111";
                 WHEN "01000000" => Y <="110";
                 WHEN "00100000" => Y <="101";
                 WHEN "00010000" => Y <="100";
                 WHEN "00001000" => Y <="011";
                 WHEN "00000100" => Y <="010";
                 WHEN "00000010" => Y <="001";
                 WHEN OTHERS => Y <="000";
            END CASE;
      END PROCESS;
END dataflow;
```

2. 8 线—3 线优先编码器 VHDL 参考程序。

```
LIBRARY  IEEE;
USE IEEE.STD_LOGIC_1164.ALL;
ENTITY  priotyencoder  IS
  PORT(I: IN STD_LOGIC_VECTOR (7 DOWNTO 0);
       E1: IN STD_LOGIC;
       GS, E0: OUT STD_LOGIC;
       Y: OUT STD_LOGIC_VECTOR (2 DOWNTO 0));
END priotyencoder;
ARCHITECTURE encoder OF priotyencoder IS
BEGIN
```

```
P1: PROCESS (I)
  BEGIN
      IF (I(7) ='0' AND E1 ='0') THEN
            Y <="000";
            GS <= '0';
            E0 <= '1';
      ELSIF (I(6) ='0' AND E1 ='0') THEN
            Y <="001";
            GS <= '0';
            E0 <= '1';
      ELSIF (I(5) ='0' AND E1 ='0') THEN
            Y <="010";
            GS <= '0';
            E0 <= '1';
      ELSIF (I(4) ='0' AND E1 ='0') THEN
            Y <="011";
            GS <= '0';
            E0 <= '1';
      ELSIF (I(3) ='0' AND E1 ='0') THEN
            Y <="100";
            GS <= '0';
            E0 <= '1';
      ELSIF (I(2) ='0' AND E1 ='0') THEN
            Y <="101";
            GS <= '0';
            E0 <= '1';
      ELSIF (I(1) ='0' AND E1 ='0') THEN
            Y <="110";
            GS <= '0';
            E0 <= '1';
      ELSIF (I(0) ='0' AND E1 ='0') THEN
            Y <="111";
            GS <= '0';
            E0 <= '1';
      ELSIF (E1 ='1') THEN
            Y <="111";
            GS <= '1';
            E0 <= '1';
      ELSIF (I ="11111111" AND E1 ='0') THEN
```

```
          Y <="111";
          GS <='1';
          E0 <='0';
       END IF;
   END PROCESS P1;
 END encoder;
```

3. 8线—3线普通编码器 Verilog HDL 参考程序。

```
module encoder83(I1,Y1);
input [7:0]I1;
output [2:0]Y1;
reg [2:0]Y1;
always @ (I1)
     case(I1)
     8'b10000000:Y1 =3'b111;
     8'b01000000:Y1 =3'b110;
     8'b00100000:Y1 =3'b101;
     8'b00010000:Y1 =3'b100;
     8'b00001000:Y1 =3'b011;
     8'b00000100:Y1 =3'b010;
     8'b00000010:Y1 =3'b001;
     default:Y1 =3'b000;
  endcase
endmodule
```

4. 8线—3线优先编码器 Verilog HDL 参考程序。

```
module priotyencoder(I1,E1,Y1,Gs,E0);
input [7:0]I1;
input E1;
output [2:0]Y1;
output Gs,E0;
reg [2:0]Y1;
reg Gs,E0;
always @ (I1 or E1)
        if(E1)
        {Y1,Gs,E0} =5'b11111;
        else if(! I1[7])
        {Y1,Gs,E0} =5'b00001;
        else if(! I1[6])
        {Y1,Gs,E0} =5'b00101;
        else if(! I1[5])
```

```
        {Y1,Gs,E0} =5'b01001;
        else if(! I1[4])
        {Y1,Gs,E0} =5'b01101;
        else if(! I1[3])
        {Y1,Gs,E0} =5'b10001;
        else if(! I1[2])
        {Y1,Gs,E0} =5'b10101;
      else if(! I1[1])
        {Y1,Gs,E0} =5'b11001;
else if(! I1[0])
        {Y1,Gs,E0} =5'b11101;
          else
      {Y1,Gs,E0} =5'b11110;
Endmodule
```

2.2　译码器设计

一、实验目的

1. 熟悉硬件描述语言软件的使用。
2. 熟悉译码器的工作原理和逻辑功能。
3. 掌握译码器及七段显示译码器的设计方法。

二、实验原理

译码器是数字系统中常用的组合逻辑电路。译码器的逻辑功能是将每个输入的二进制代码译成对应的输出高、低电平信号或另外一个代码。译码是编码的反操作。常用的译码器电路有二进制译码器、二—十进制译码器和显示译码器。

1. 二进制译码器。

二进制译码器的输入是一组二进制代码,输出是一组与输入代码一一对应的高、低电平信号。图 2.3 是二进制译码器的一般原理图,它具有一个使能输入端和 n 个输入端,2^n 个输出端。在使能输入端为有效电平时,对应每一组输入代码,只有一个输出端为有效电平,其余输出端则为非有效电平。

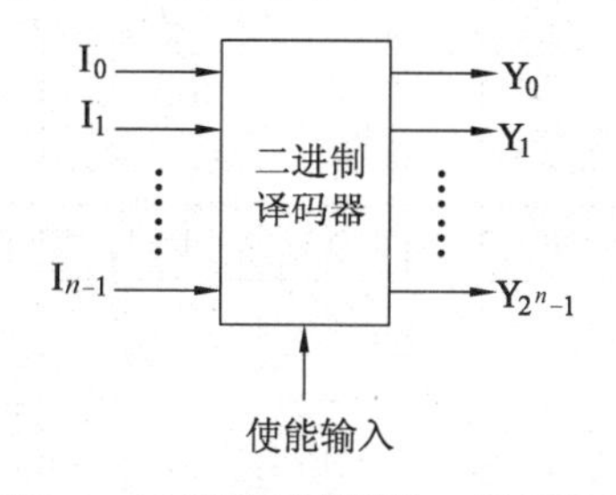

图 2.3　二进制译码器的一般原理图

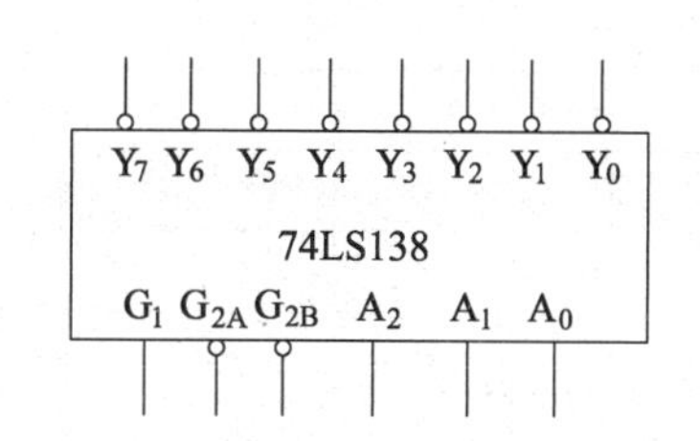

图 2.4　74LS138 译码器逻辑符号图

74LS138 是用 TTL 与非门组成的 3 线—8 线译码器,其逻辑符号图如图 2.4 所示,其功能表如表 2.3 所示。

表 2.3　74LS138 的功能表

输　入					输　出							
G_1	$\overline{G_{2A}}+\overline{G_{2B}}$	A_2	A_1	A_0	$\overline{Y_0}$	$\overline{Y_1}$	$\overline{Y_2}$	$\overline{Y_3}$	$\overline{Y_4}$	$\overline{Y_5}$	$\overline{Y_6}$	$\overline{Y_7}$
0	×	×	×	×	1	1	1	1	1	1	1	1
×	1	×	×	×	1	1	1	1	1	1	1	1
1	0	0	0	0	0	1	1	1	1	1	1	1
1	0	0	0	1	1	0	1	1	1	1	1	1
1	0	0	1	0	1	1	0	1	1	1	1	1
1	0	0	1	1	1	1	1	0	1	1	1	1
1	0	1	0	0	1	1	1	1	0	1	1	1
1	0	1	0	1	1	1	1	1	1	0	1	1
1	0	1	1	0	1	1	1	1	1	1	0	1
1	0	1	1	1	1	1	1	1	1	1	1	0

由表 2.3 可见,74LS138 有 3 个附加的控制端 G_1、$\overline{G_{2A}}$、$\overline{G_{2B}}$。当 $G_1=1$、$\overline{G_{2A}}+\overline{G_{2B}}=0$ 时,译码器处于工作状态。否则,译码器被禁止,所有的输出端被封锁在高电平。

2. 显示译码器。

普通的七段数码管由七段可发光的线段组成,使用它显示字形时,需要译码驱动。七段显示译码器将 BCD 代码译成数码管所需的驱动信号,使数码管用十进制数字显示出 BCD 代码所表示的数值。七段显示译码器的真值表如表 2.4 所示。七段显示译码器驱动七段数码管示意图如图 2.5 所示。

表 2.4　七段显示译码器的真值表

数字	输　入				输　出						
	A_3	A_2	A_1	A_0	a	b	c	d	e	f	g
0	0	0	0	0	1	1	1	1	1	1	0
1	0	0	0	1	0	1	1	0	0	0	0
2	0	0	1	0	1	1	0	1	1	0	1
3	0	0	1	1	1	1	1	1	0	0	1
4	0	1	0	0	0	1	1	0	0	1	1
5	0	1	0	1	1	0	1	1	0	1	1
6	0	1	1	0	0	0	1	1	1	1	1
7	0	1	1	1	1	1	1	0	0	0	0
8	1	0	0	0	1	1	1	1	1	1	1
9	1	0	0	1	1	1	1	0	0	1	1

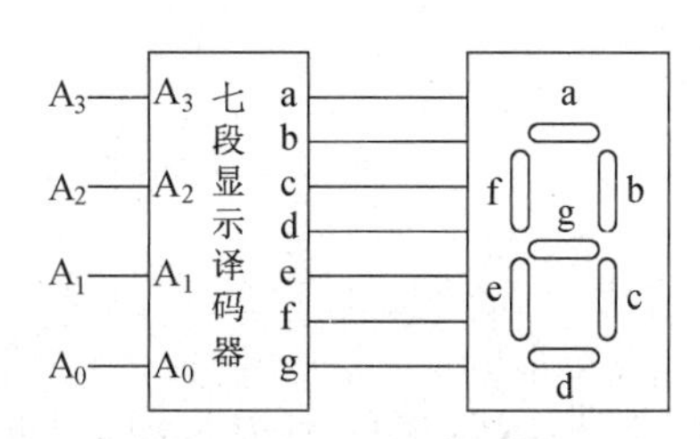

图 2.5　七段显示译码器驱动七段数码管示意图

三、实验内容

1. 设计一个 4 线—16 线译码器。
2. 设计轮流显示表 2.5 所示字符的程序。

表 2.5　字母显示真值表

字符	段						
	a	b	c	d	e	f	g
A	1	1	1	0	1	1	1
B	0	0	1	1	1	1	1
C	1	0	0	1	1	1	0
D	0	1	1	1	1	0	1
E	1	0	0	1	1	1	1
F	1	0	0	0	1	1	1
H	0	1	1	0	1	1	1
P	1	1	0	0	1	1	1
L	0	0	0	1	1	1	0

3. 通过仿真观察设计的正确性。
4. 通过下载验证设计的正确性。

四、设计提示

对于字符轮流显示，可以通过计数器控制字符显示，也可以通过状态机的编码方式来实现。

若通过计数器计数控制字符显示，则在译码之前可加入一个 4 位二进制加法计数器，当低频率的脉冲信号输入计数器后，由七段显示译码器将计数器的计数值译为对应的十进制码，并由数码管显示出来。图 2.6 为电路原理图。

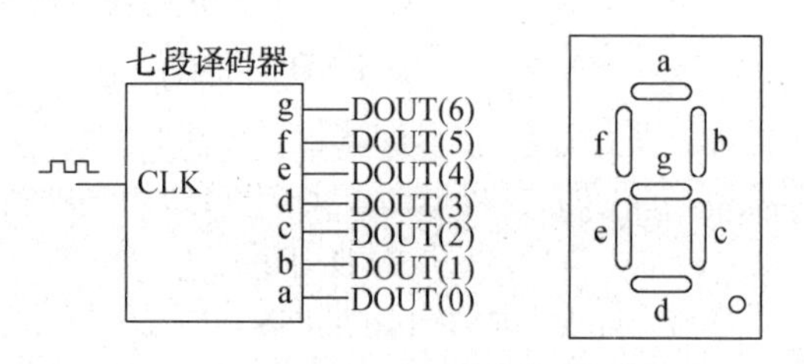

图 2.6　七段 LED 译码显示电路原理图

五、实验报告要求

1. 分析电路的工作原理。
2. 写出所有的源程序。
3. 画出仿真波形。
4. 书写实验报告时要结构合理、层次分明，在分析描述的时候，注意语言流畅。

六、参考程序

1. 3线—8线译码器VHDL参考程序。

```
LIBRARY  IEEE;
USE IEEE.STD_LOGIC_1164.ALL;
ENTITY   decoder3_8   IS
   PORT(a0,a1,a2,g1,g2a,g2b:IN STD_LOGIC;
        Y: OUT STD_LOGIC_VECTOR (7 DOWNTO 0));
   END decoder3_8;
   ARCHITECTURE rtl OF decoder3_8 IS
   SIGNAL indata: STD_LOGIC_VECTOR (2 DOWNTO 0);
   BEGIN
       Indata <= a2 & a1 & a0;
       PROCESS (indata,g1,g2a,g2b)
          BEGIN
            IF (g1 = '1' AND g2b = '0' AND g2a = '0') THEN
               CASE indata IS
                     WHEN"000" => Y <= "11111110";
                     WHEN"001" => Y <= "11111101";
                     WHEN"010" => Y <= "11111011";
                     WHEN"011" => Y <= "11110111";
                     WHEN"100" => Y <= "11101111";
                     WHEN"101" => Y <= "11011111";
                     WHEN"110" => Y <= "10111111";
                     WHEN"111" => Y <= "01111111";
                     WHEN  OTHERS => NULL;
              END CASE;
            ELSE
              Y <= "11111111";
            END IF;
       END PROCESS;
END rtl;
```

2. 七段显示译码器 VHDL 参考程序。

```
LIBRARY IEEE;
USE IEEE.STD_LOGIC_1164.ALL;
USE IEEE.STD_LOGIC_UNSIGNED.ALL;
ENTITY decled1  IS
    PORT (AIN: IN STD_LOGIC_VECTOR(3 DOWNTO 0);
          DOUT: OUT STD_LOGIC_VECTOR(6 DOWNTO 0));
END DECLED1;
ARCHITECTURE behav OF decled1 IS
  BEGIN
    PROCESS(AIN)
    BEGIN
        CASE AIN IS                                          --译码电路
            WHEN "0000" => DOUT <= "0111111";                --显示 0
            WHEN "0001" => DOUT <= "0000110";                --显示 1
            WHEN "0010" => DOUT <= "1011011";                --显示 2
            WHEN "0011" => DOUT <= "1001111";                --显示 3
            WHEN "0100" => DOUT <= "1100110";                --显示 4
            WHEN "0101" => DOUT <= "1101101";                --显示 5
            WHEN "0110" => DOUT <= "1111101";                --显示 6
            WHEN "0111" => DOUT <= "0000111";                --显示 7
            WHEN "1000" => DOUT <= "1111111";                --显示 8
            WHEN "1001" => DOUT <= "1101111";                --显示 9
            WHEN "1010" => DOUT <= "1110111";                --显示 A
            WHEN "1011" => DOUT <= "1111100";                --显示 B
            WHEN "1100" => DOUT <= "0111001";                --显示 C
            WHEN "1101" => DOUT <= "1011110";                --显示 D
            WHEN "1110" => DOUT <= "1111001";                --显示 E
            WHEN "1111" => DOUT <= "1110001";                --显示 F
            WHEN OTHERS => DOUT <= "0000000";                --必须有此项
        END CASE;
  END PROCESS;
END behav;
```

3. 轮流显示字符的七段译码电路 VHDL 参考程序。

```
LIBRARY IEEE;
USE IEEE.STD_LOGIC_1164.ALL;
USE IEEE.STD_LOGIC_UNSIGNED.ALL;
ENTITY decled2 IS
  PORT (clk: IN STD_LOGIC;
```

```
            DOUT: OUT STD_LOGIC_VECTOR(6 DOWNTO 0));
    END DECLED2;
    ARCHITECTURE behav OF decled2 IS
      SIGNAL cnt4b: STD_LOGIC_VECTOR(3 DOWNTO 0);
    BEGIN
      PROCESS(clk)
      BEGIN
          IF clk'EVENT AND clk = '1' THEN             --4 位二进制计数器
             cnt4b <= cnt4b + 1;
          END IF;
      END PROCESS;
      PROCESS(cnt4b)
      BEGIN
          CASE cnt4b IS                                          --译码电路
                WHEN "0000" => DOUT <= "0111111";                --显示 0
                WHEN "0001" => DOUT <= "0000110";                --显示 1
                WHEN "0010" => DOUT <= "1011011";                --显示 2
                WHEN "0011" => DOUT <= "1001111";                --显示 3
                WHEN "0100" => DOUT <= "1100110";                --显示 4
                WHEN "0101" => DOUT <= "1101101";                --显示 5
                WHEN "0110" => DOUT <= "1111101";                --显示 6
                WHEN "0111" => DOUT <= "0000111";                --显示 7
                WHEN "1000" => DOUT <= "1111111";                --显示 8
                WHEN "1001" => DOUT <= "1101111";                --显示 9
                WHEN "1010" => DOUT <= "1110111";                --显示 A
                WHEN "1011" => DOUT <= "1111100";                --显示 B
                WHEN "1100" => DOUT <= "0111001";                --显示 C
                WHEN "1101" => DOUT <= "1011110";                --显示 D
                WHEN "1110" => DOUT <= "1111001";                --显示 E
                WHEN "1111" => DOUT <= "1110001";                --显示 F
                WHEN OTHERS => DOUT <= "0000000";                --必须有此项
          END CASE;
      END PROCESS;
    END behav;
```

4. 3 线—8 线译码器 Verilog HDL 参考程序。

```
    module decoder3_8(G,A,Y);
    input [2:0]A;
    input [2:1]G;
    output [7:0]Y;
```

```
reg [7:0]Y;
always @ (A or G)
  if( ! G[1])
    Y =8'b11111111;
    else if( ! G[2])
    case(A)
    3'b000: Y =8'b11111110;
    3'b001: Y =8'b11111101;
    3'b010: Y =8'b11111011;
    3'b011: Y =8'b11110111;
    3'b100: Y =8'b11101111;
    3'b101: Y =8'b11011111;
    3'b110: Y =8'b10111111;
    3'b111: Y =8'b01111111;
    endcase
    else
    Y =8'b11111111;
endmodule
```

5. 七段显示译码器 Verilog HDL 参考程序。

```
module decled1(AIN,a,b,c,d,e,f,g);
input[4:1]AIN;
output a,b,c,d,e,f,g;
reg a,b,c,d,e,f,g;
always @ (AIN)
        case(AIN)
        4'b0000: {g,f,e,d,c,b,a} =8'b0111111;    //显示 0
        4'b0001: {g,f,e,d,c,b,a} =8'b0000110;    //显示 1
        4'b0010: {g,f,e,d,c,b,a} =8'b1011011;    //显示 2
        4'b0011: {g,f,e,d,c,b,a} =8'b1001111;    //显示 3
        4'b0100: {g,f,e,d,c,b,a} =8'b1100110;    //显示 4
        4'b0101: {g,f,e,d,c,b,a} =8'b1101101;    //显示 5
        4'b0110: {g,f,e,d,c,b,a} =8'b1111101;    //显示 6
        4'b0111: {g,f,e,d,c,b,a} =8'b0000111;    //显示 7
        4'b1000: {g,f,e,d,c,b,a} =8'b1111111;    //显示 8
        4'b1001: {g,f,e,d,c,b,a} =8'b1101111;    //显示 9
        4'b1010: {g,f,e,d,c,b,a} =8'b1110111;    //显示 A
        4'b1011: {g,f,e,d,c,b,a} =8'b1111100;    //显示 B
        4'b1100: {g,f,e,d,c,b,a} =8'b0111001;    //显示 C
        4'b1101: {g,f,e,d,c,b,a} =8'b1011110;    //显示 D
```

```
            4'b1110: {g,f,e,d,c,b,a} =8'b1111001;      //显示 E
            4'b1111: {g,f,e,d,c,b,a} =8'b1110001;      //显示 F
            default: {g,f,e,d,c,b,a} =8'b0000000;      //不显示
    endcase
    endmodule
```

6. 轮流显示字符的七段译码电路 Verilog HDL 参考程序。

```
    module decled2(EN,clock,a,b,c,d,e,f,g);
    input EN,clock;
    output a,b,c,d,e,f,g;
    reg [4:1] in;
    reg a,b,c,d,e,f,g;
    always @ (posedge clock)
    if (!EN)
        in =0;
    else begin in = in +1;
            case(in)
            4'b0000: {g,f,e,d,c,b,a} =8'b0111111;      //显示 0
            4'b0001: {g,f,e,d,c,b,a} =8'b0000110;      //显示 1
            4'b0010: {g,f,e,d,c,b,a} =8'b1011011;      //显示 2
            4'b0011: {g,f,e,d,c,b,a} =8'b1001111;      //显示 3
            4'b0100: {g,f,e,d,c,b,a} =8'b1100110;      //显示 4
            4'b0101: {g,f,e,d,c,b,a} =8'b1101101;      //显示 5
            4'b0110: {g,f,e,d,c,b,a} =8'b1111101;      //显示 6
            4'b0111: {g,f,e,d,c,b,a} =8'b0000111;      //显示 7
            4'b1000: {g,f,e,d,c,b,a} =8'b1111111;      //显示 8
            4'b1001: {g,f,e,d,c,b,a} =8'b1101111;      //显示 9
            4'b1010: {g,f,e,d,c,b,a} =8'b1110111;      //显示 A
            4'b1011: {g,f,e,d,c,b,a} =8'b1111100;      //显示 B
            4'b1100: {g,f,e,d,c,b,a} =8'b0111001;      //显示 C
            4'b1101: {g,f,e,d,c,b,a} =8'b1011110;      //显示 D
            4'b1110: {g,f,e,d,c,b,a} =8'b1111001;      //显示 E
            4'b1111: {g,f,e,d,c,b,a} =8'b1110001;      //显示 F
            default: {g,f,e,d,c,b,a} =8'b0000000;      //不显示
    endcase
    end
    endmodule
```

2.3　数据选择器设计

一、实验目的

1. 熟悉硬件描述语言软件的使用。
2. 熟悉数据选择器的工作原理和逻辑功能。
3. 掌握数据选择器的设计方法。

二、实验原理

数据选择器的逻辑功能是从多路数据输入信号中选出一路数据送到输出端，输出的数据取决于控制输入端的状态。

对于四选一数据选择器，其逻辑功能表如表 2.6 所示。

表 2.6　四选一数据选择器的逻辑功能表

A_1	A_0	D_0	D_1	D_2	D_3	Y	Y
0	0	0	×	×	×	0	D_0
0	0	1	×	×	×	1	
0	1	×	0	×	×	0	D_1
0	1	×	1	×	×	1	
1	0	×	×	0	×	0	D_2
1	0	×	×	1	×	1	
1	1	×	×	×	0	0	D_3
1	1	×	×	×	1	1	

如表 2.6 所示，在四选一数据选择器中，有 2 路地址输入端 A_1、A_0，4 路数据输入端 $D_0 \sim D_3$，1 路数据输出端 Y。通过给定不同的地址代码（即 A_1、A_0的状态），即可从 4 路输入数据 $D_0 \sim D_3$中选出所要的一路送至输出端 Y。

四选一数据选择器的输出函数表达式为

$$Y = D_0\,\overline{A_1 A_0} + D_1\,\overline{A_1}A_0 + D_2 A_1\,\overline{A_0} + D_3 A_1 A_0 = \sum_{i=0}^{3} D_i m_i$$

式中，D_i是数据输入端，m_i是两个地址输入 A_1、A_0的 4 个最小项。

八选一数据选择器的逻辑功能表如表 2.7 所示。

表 2.7　八选一数据选择器的逻辑功能表

$\overline{S}$	A_2	A_1	A_0	D_0	D_1	D_2	D_3	D_4	D_5	D_6	D_7	Y	Y
1	×	×	×	×	×	×	×	×	×	×	×	0	0
0	0	0	0	0	×	×	×	×	×	×	×	0	D_0
0	0	0	0	1	×	×	×	×	×	×	×	1	
0	0	0	1	×	0	×	×	×	×	×	×	0	D_1
0	0	0	1	×	1	×	×	×	×	×	×	1	
0	0	1	0	×	×	0	×	×	×	×	×	0	D_2
0	0	1	0	×	×	1	×	×	×	×	×	1	
0	0	1	1	×	×	×	0	×	×	×	×	0	D_3
0	0	1	1	×	×	×	1	×	×	×	×	1	
0	1	0	0	×	×	×	×	0	×	×	×	0	D_4
0	1	0	0	×	×	×	×	1	×	×	×	1	
0	1	0	1	×	×	×	×	×	0	×	×	0	D_5
0	1	0	1	×	×	×	×	×	1	×	×	1	
0	1	1	0	×	×	×	×	×	×	0	×	0	D_6
0	1	1	0	×	×	×	×	×	×	1	×	1	
0	1	1	1	×	×	×	×	×	×	×	0	0	D_7
0	1	1	1	×	×	×	×	×	×	×	1	1	

八选一数据选择器的输出函数表达式为

$$Y = \sum_{i=0}^{7} D_i m_i$$

式中，D_i是 8 个数据输入端，m_i是 3 个地址输入 A_2、A_1、A_0的 8 个最小项。

三、实验内容

1. 设计一个四选一数据选择器。
2. 设计一个八选一数据选择器。
3. 通过仿真观察设计的正确性。
4. 通过下载验证设计的正确性。

四、实验报告要求

1. 分析电路的工作原理。
2. 写出所有的源程序。
3. 画出仿真波形。

五、参考程序

1. 八选一数据选择器 VHDL 参考程序。

```
LIBRARY IEEE;
USE IEEE.STD_LOGIC_1164.ALL;
ENTITY mux8_1  IS
      PORT(A: IN STD_LOGIC_VECTOR (2 DOWNTO 0);
           D0,D1,D2,D3,D4,D5,D6,D7:IN STD_LOGIC;
           S:IN STD_LOGIC;
           Y:OUT STD_LOGIC);
END mux8_1;
ARCHITECTURE dataflow OF mux8_1  IS
        BEGIN
        PROCESS (A,D0,D1,D2,D3,D4,D5,D6,D7,S)
        BEGIN
            IF (S='1') THEN   Y<='0';
            ELSIF(S='0'AND A="000") THEN   Y<=D0;
            ELSIF(S='0'AND A="001") THEN   Y<=D1;
            ELSIF(S='0'AND A="010") THEN   Y<=D2;
            ELSIF(S='0'AND A="011") THEN   Y<=D3;
            ELSIF(S='0'AND A="100") THEN   Y<=D4;
            ELSIF(S='0'AND A="101") THEN   Y<=D5;
            ELSIF(S='0'AND A="110") THEN   Y<=D6;
            ELSE                           Y<=D7;
            END IF;
        END PROCESS;
END dataflow;
```

程序也可用 CASE 语句实现。

2. 八选一数据选择器 Verilog HDL 参考程序。

```
module mux8_1 (A,D,S,Y);
input[2:0]A;
input[7:0]D;
input S;
output Y;
reg Y;
always @ (A or D or S)
if (S)
  Y=0;
else case(A)
```

```
        3'b000: Y = D[0];
        3'b001: Y = D[1];
        3'b010: Y = D[2];
        3'b011: Y = D[3];
        3'b100: Y = D[4];
        3'b101: Y = D[5];
        3'b110: Y = D[6];
        3'b111: Y = D[7];
        default:Y = 0;
        endcase
endmodule
```

2.4 加法器设计

一、实验目的

1. 熟悉加法器的工作原理和逻辑功能。
2. 掌握加法器的设计方法。
3. 掌握利用结构描述设计程序的方法。

二、实验原理

加法器是数字系统中的基本逻辑器件,是构成算术运算电路的基本单元。1 位加法器有半加器和全加器两种。多位加法器的构成有两种方式,即并行进位方式和串行进位方式。并行进位加法器设有并行进位产生逻辑,运算速度较快;串行进位方式是将全加器级联构成多位加法器。并行进位加法器通常比串行级联加法器占用更多的资源,随着位数的增加,相同位数的并行加法器与串行加法器的资源占用差距快速增大。因此,在工程中使用加法器时,要在速度和容量之间寻找平衡。表 2.8 是 1 位全加器的真值表。

表 2.8　1 位全加器的真值表

输　入			输　出	
A	B	CI	S	CO
0	0	0	0	0
0	0	1	1	0
0	1	0	1	0
0	1	1	0	1
1	0	0	1	0
1	0	1	0	1
1	1	0	0	1
1	1	1	0	1

其逻辑函数表达式为

$$S = A \oplus B \oplus CI$$

$$CO = AB + ACI + BCI$$

图 2.7 是用串行进位方式构成的 4 位加法器。

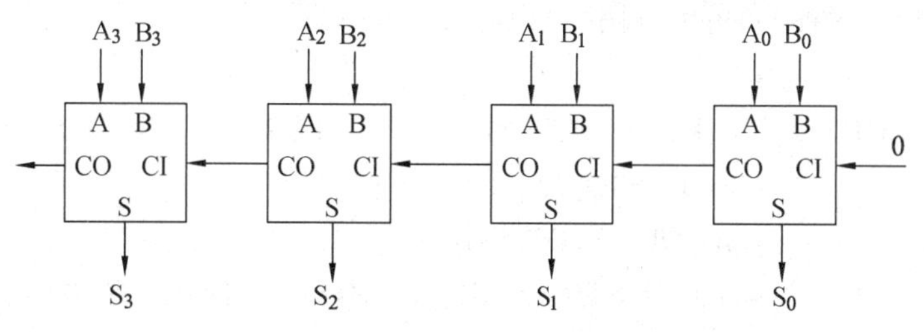

图 2.7　4 位串行进位加法器原理图

三、实验内容

1. 设计 1 位全加器。
2. 利用全加器和结构描述方法设计如图 2.7 所示的 4 位加法器。
3. 利用两个 4 位加法器级联构成一个 8 位加法器。
4. 通过仿真、下载验证设计的正确性。

四、设计提示

使用结构描述的方法,可以使用户在更高层次上进行设计。

五、实验报告要求

1. 分析 4 位加法器的工作原理。
2. 写出全加器及加法器的源程序。
3. 画出仿真波形。

六、参考程序

1. 4 位加法器 VHDL 参考程序。

```
--定义 1 位全加器
LIBRARY   IEEE;
USE IEEE.STD_LOGIC_1164.ALL;
ENTITY   adder1b   IS
        PORT   (a,b,ci: IN STD_LOGIC;
s,co: OUT STD_LOGIC);
END adder1b;
ARCHITECTURE behav of adder1b   IS
BEGIN
          s <= a XOR b XOR ci;
```

```
        co <= (a AND b) OR (a AND ci) OR (b AND ci);
END behav;
--定义4位全加器
LIBRARY  IEEE;
USE IEEE.STD_LOGIC_1164.ALL;
ENTITY  adder4b  IS
      PORT  (an,bn: IN STD_LOGIC_VECTOR (3 DOWNTO 0);
             cin: IN STD_LOGIC;
             con: OUT STD_LOGIC;
             sn: OUT STD_LOGIC_VECTOR (3 DOWNTO 0));
END adder4b;
ARCHITECTURE full1 of adder4b  IS
COMPONENT adder1b  IS
         PORT  (a,b,ci: IN STD_LOGIC;
                s,co: OUT STD_LOGIC);
END COMPONENT;
SIGNAL u0_co,u1_co,u2_co,u3_co: STD_LOGIC;
BEGIN
        U0: adder1b  PORT MAP (an(0),bn(0),cin,sn(0),u0_co);
        U1: adder1b  PORT MAP (an(1),bn(1),u0_co,sn(1),u1_co);
        U2: adder1b  PORT MAP (an(2),bn(2),u1_co,sn(2),u2_co);
        U3: adder1b  PORT MAP (an(3),bn(3),u2_co,sn(3),u3_co);
        con <= u3_co;
END full1;
```

2. 4位加法器 Verilog HDL 参考程序。

```
//1位全加器
module Adder1bit (A,B,Cin,Sum,Cout);
input A,B,Cin;
output Sum,Cout;
assign Sum = (A^B)^Cin;
assign Cout = (A&B)|(A&Cin)|(B&Cin);
endmodule
//4位全加器
module Adder4bit(First,Second,Carry_In,Sum_out,Carry_out);
input[3:0] First,Second;
input Carry_In;
output[3:0] Sum_out;
output Carry_out;
wire[2:0] Car;
```

```
Adder1bit
A1 (First[0],Second[0],Carry_In,Sum_out [0],Car[0]),
A2 (First[1],Second[1],Car[0],Sum_out [1],Car[1]),
A3 (First[2],Second[2],Car[1],Sum_out [2],Car[2]),
A4 (First[3],Second[3],Car[2],Sum_out [3],Carry_out);
endmodule
```

2.5　乘法器设计

一、实验目的

1. 了解用并行法设计乘法器的原理。
2. 学习使用组合逻辑设计并行乘法器。
3. 学习使用加法器和时序逻辑设计乘法器。

二、实验原理

乘法器有多种实现方法,其中最典型的方法是采用部分乘积项进行相加的方法,通常称为并行法。它通过逐项移位相加原理来实现,从被乘数的最低位开始,若为 1,则乘数左移后与上一次的和相加;若为 0,左移后以全零相加,直至被乘数的最高位。其算法原理如图 2.8 所示,其中 $M_4M_3M_2M_1$ 为被乘数(M),$N_4N_3N_2N_1$ 为乘数(N)。可以看出被乘数 M 的每一位都要与乘数 N 相乘,获得不同的积,如 $M_1 \times N$、$M_2 \times N$……,位积之间以及位积与部分乘法之和相加时需要按照高低位对齐、并行相加才可以得到正确的结果。

```
      1101
   ×  1011
  ----------
      1011      M1×N
 +   0000       M2×N
  ----------
     01011      部分乘积之和
 +  1011        M3×N
  ----------
    110111      部分乘积之和
 + 1011         M4×N
  ----------
  10001111
```

图 2.8　并行乘法原理

这种算法可以采用纯组合逻辑来实现,其特点是设计思路简单直观、电路运算速度快,缺点是使用逻辑资源较多。

另一种方法是由 8 位加法器构成的以时序逻辑方式设计的 8 位乘法器,其原理如图 2.9 所示。在图 2.9 中,ARICTL 是乘法运算控制电路,它的 START 信号的上跳沿与高电平有两个功能,即 16 位寄存器清零和被乘数 A[7..0]向移位寄存器 SREG8B 加载;它的低电平则作为乘法使能信号。乘法时钟信号从 ARICTL 的 CLK 输入。当被乘数被加载于 8 位右移寄存器 SREG8B 后,随着每一时钟节拍,最低位在前,由低位至高位逐位移出。当为 1 时,与门 ANDARITH 打开,8 位乘数 B[7..0]在同一节拍进入 8 位加法器 ADDER8B,与上一次锁存在 16 位锁存器 REG16B 中的高 8 位相加,其和在下一时钟节拍的上升沿被锁进此锁存器。而当被乘数的移出位为 0 时,与门全零输出。如此往复,直至 8 个时钟脉冲后,由 ARICTL 控制,乘法运算过程自动中止,ARIEND 输出高电平,以此可点亮一发光管,以示乘法结束。此时 REG16B 的输出值即为最后乘积。

此乘法器的优点是节省芯片资源,它的核心元件只是一个 8 位加法器,其运算速度取决于输入的时钟频率。若时钟频率为 100 MHz,则每一运算周期仅需 80 ns。若利用 12 MHz

晶振的 MCS-51 单片机的乘法指令进行 8 位乘法运算，仅单指令的运算周期就长达 4 μs。因此，可以利用此乘法器或相同原理构成的更高位乘法器完成一些数字信号处理方面的运算。

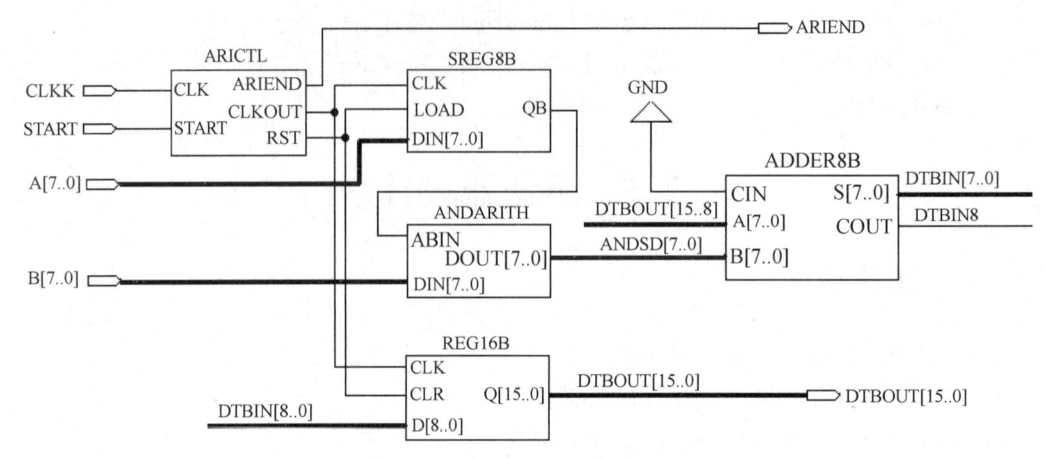

图 2.9　8×8 位乘法器的原理图

三、实验内容

1. 利用图 2.8 的并行乘法原理设计一个 4×4 位乘法器。
2. 利用图 2.9 的工作原理设计一个 16×16 位的乘法器。
3. 通过仿真、下载验证设计的正确性。

四、设计提示

理解各种乘法器的工作原理，使用模块化设计方法。

五、实验报告要求

1. 分析乘法器的工作原理。
2. 写出各个模块的源程序。
3. 画出仿真波形。

六、参考程序

1. 图 2.9 的 VHDL 参考程序(8 位乘法器)。

```
LIBRARY IEEE;
USE IEEE.STD_LOGIC_1164.ALL;
USE IEEE.STD_LOGIC_UNSIGNED.ALL;
ENTITY ARICTL IS
    PORT (
        CLK: IN STD_LOGIC;
        START: IN STD_LOGIC;
```

```
            CLKOUT: OUT STD_LOGIC;
            RST: OUT STD_LOGIC;
            ARIEND: OUT STD_LOGIC
    );
END ARICTL;
ARCHITECTURE behav OF ARICTL IS
    SIGNAL CNT4B: STD_LOGIC_VECTOR(3 DOWNTO 0);
BEGIN
    PROCESS(CLK,START)
    BEGIN
        RST <= START;
        IF START = '1' THEN
            CNT4B <= "0000";
        ELSIF CLK'EVENT AND CLK = '1' THEN
            IF CNT4B < 8 THEN
                CNT4B <= CNT4B + 1;
            END IF;
        END IF;
    END PROCESS;
    PROCESS(CLK,CNT4B,START)
    BEGIN
        IF START = '0' THEN
            IF CNT4B < 8 THEN
                CLKOUT <= CLK;
                ARIEND <= '0';
            ELSE
                CLKOUT <= '0';
                ARIEND <= '1';
            END IF;
        ELSE
            CLKOUT <= CLK;
            ARIEND <= '0';
        END IF;
    END PROCESS;
END behav;
LIBRARY IEEE;
USE IEEE.STD_LOGIC_1164.ALL;
ENTITY SREG8B IS                                --8 位右移寄存器
    PORT (CLK: IN STD_LOGIC;    LOAD: IN STD_LOGIC;
```

```
            DIN: IN STD_LOGIC_VECTOR(7 DOWNTO 0);
            QB: OUT STD_LOGIC);
END SREG8B;
ARCHITECTURE behav OF SREG8B IS
    SIGNAL REG8: STD_LOGIC_VECTOR(7 DOWNTO 0);
BEGIN
    PROCESS (CLK,LOAD)
    BEGIN
        IF CLK'EVENT AND CLK = '1' THEN
            IF LOAD = '1' THEN                    --装载新数据
                REG8 <= DIN;
               ELSE                               --数据右移
                REG8(6 DOWNTO 0) <= REG8(7 DOWNTO 1);
            END IF;
        END IF;
    END PROCESS;
    QB <= REG8(0);                                --输出最低位
END behav;
LIBRARY IEEE;
USE IEEE.STD_LOGIC_1164.ALL;
ENTITY ANDARITH IS                                --选通与门模块
    PORT (ABIN: IN STD_LOGIC;
           DIN: IN STD_LOGIC_VECTOR(7 DOWNTO 0);
          DOUT: OUT STD_LOGIC_VECTOR(7 DOWNTO 0));
END ANDARITH;
ARCHITECTURE behav OF ANDARITH IS
BEGIN
    PROCESS(ABIN,DIN)
    BEGIN
        FOR I IN 0 TO 7 LOOP                      --循环,完成8位与1位运算
            DOUT(I) <= DIN(I) AND ABIN;
        END LOOP;
    END PROCESS;
END behav;
LIBRARY IEEE;
USE IEEE.STD_LOGIC_1164.ALL;
USE IEEE.STD_LOGIC_UNSIGNED.ALL;
ENTITY ADDER4B IS                                 --4位加法器
    PORT (
```

```
        CIN: IN STD_LOGIC;
        A: IN STD_LOGIC_VECTOR(3 DOWNTO 0);
        B: IN STD_LOGIC_VECTOR(3 DOWNTO 0);
        S: OUT STD_LOGIC_VECTOR(3 DOWNTO 0);
        COUT: OUT STD_LOGIC
    );
END ADDER4B;
ARCHITECTURE behav OF ADDER4B IS
    SIGNAL SINT: STD_LOGIC_VECTOR(4 DOWNTO 0);
    SIGNAL AA,BB: STD_LOGIC_VECTOR(4 DOWNTO 0);
BEGIN
    AA <= '0'&A;
    BB <= '0'&B;
    SINT <= AA + BB + CIN;
    S <= SINT(3 DOWNTO 0);
    COUT <= SINT(4);
END behav;
LIBRARY IEEE;
USE IEEE.STD_LOGIC_1164.ALL;
USE IEEE.STD_LOGIC_UNSIGNED.ALL;
ENTITY ADDER8B IS                              --8 位加法器
      PORT (CIN: IN STD_LOGIC;
              A: IN STD_LOGIC_VECTOR(7 DOWNTO 0);
              B: IN STD_LOGIC_VECTOR(7 DOWNTO 0);
              S: OUT STD_LOGIC_VECTOR(7 DOWNTO 0);
             COUT: OUT STD_LOGIC);
END ADDER8B;
ARCHITECTURE struc OF ADDER8B IS
COMPONENT ADDER4B
    PORT (CIN: IN STD_LOGIC;
               A: IN STD_LOGIC_VECTOR(3 DOWNTO 0);
               B: IN STD_LOGIC_VECTOR(3 DOWNTO 0);
               S: OUT STD_LOGIC_VECTOR(3 DOWNTO 0);
           COUT: OUT STD_LOGIC);
END COMPONENT;
    SIGNAL CARRY_OUT: STD_LOGIC;
BEGIN
    U1: ADDER4B                        --例化(安装)1 个 4 位二进制加法器 U1
PORT MAP (CIN => CIN,A => A(3 DOWNTO 0),B => B(3 DOWNTO 0),
```

```
S => S(3 DOWNTO 0),COUT => CARRY_OUT);
    U2: ADDER4B                          --例化(安装)1个4位二进制加法器U2
PORT MAP (CIN =>CARRY_OUT,A => A(7 DOWNTO 4),B =>B(7 DOWNTO 4),
 S =>S(7 DOWNTO 4),COUT => COUT);
END struc;
LIBRARY IEEE;
USE IEEE.STD_LOGIC_1164.ALL;
ENTITY REG16B IS                                --16位锁存器
    PORT (
        CLK: IN STD_LOGIC;
        CLR: IN STD_LOGIC;
        D: IN STD_LOGIC_VECTOR(8 DOWNTO 0);
        Q: OUT STD_LOGIC_VECTOR(15 DOWNTO 0)
    );
END REG16B;
ARCHITECTURE behav OF REG16B IS
    SIGNAL R16S: STD_LOGIC_VECTOR(15 DOWNTO 0);
BEGIN
    PROCESS(CLK,CLR)
    BEGIN
     IF CLR ='1' THEN                           --清零信号
     R16S <="0000000000000000"; --时钟到来时,锁存输入值,并右移低8位
        ELSIF CLK'EVENT AND CLK ='1' THEN
            R16S(6 DOWNTO 0) <=R16S(7 DOWNTO 1); --右移低8位
            R16S(15 DOWNTO 7) <=D;         --将输入锁到高9位
        END IF;
    END PROCESS;
    Q <=R16S;
END behav;
LIBRARY IEEE;
USE IEEE.STD_LOGIC_1164.ALL;
USE IEEE.STD_LOGIC_UNSIGNED.ALL;
ENTITY MULTI8X8 IS                              --8位乘法器顶层设计
    PORT (CLKK: IN STD_LOGIC;
           START: IN STD_LOGIC;
                A: IN STD_LOGIC_VECTOR(7 DOWNTO 0);
                B: IN STD_LOGIC_VECTOR(7 DOWNTO 0);
          ARIEND: OUT STD_LOGIC;
            DOUT: OUT STD_LOGIC_VECTOR(15 DOWNTO 0));
```

```
END MULTI8X8;
ARCHITECTURE struc OF MULTI8X8 IS
COMPONENT ARICTL
    PORT (CLK: IN STD_LOGIC;    START: IN STD_LOGIC;
          CLKOUT: OUT STD_LOGIC;  RST: OUT STD_LOGIC;
         ARIEND: OUT STD_LOGIC);
END COMPONENT;
COMPONENT ANDARITH
    PORT (ABIN: IN STD_LOGIC;
              DIN: IN STD_LOGIC_VECTOR(7 DOWNTO 0);
             DOUT: OUT STD_LOGIC_VECTOR(7 DOWNTO 0));
END COMPONENT;
COMPONENT ADDER8B
    PORT(CIN: IN STD_LOGIC;
              A: IN STD_LOGIC_VECTOR(7 DOWNTO 0);
              B: IN STD_LOGIC_VECTOR(7 DOWNTO 0);
              S: OUT STD_LOGIC_VECTOR(7 DOWNTO 0);
          COUT: OUT STD_LOGIC);
END COMPONENT;
COMPONENT SREG8B
    PORT (CLK: IN STD_LOGIC;    LOAD: IN STD_LOGIC;
             DIN: IN STD_LOGIC_VECTOR(7 DOWNTO 0);
              QB: OUT STD_LOGIC);
END COMPONENT;
COMPONENT REG16B
    PORT (CLK: IN STD_LOGIC;   CLR: IN STD_LOGIC;
               D: IN STD_LOGIC_VECTOR(8 DOWNTO 0);
               Q: OUT STD_LOGIC_VECTOR(15 DOWNTO 0));
END COMPONENT;
    SIGNAL GNDINT: STD_LOGIC;
    SIGNAL INTCLK: STD_LOGIC;
    SIGNAL RST: STD_LOGIC;
    SIGNAL QB: STD_LOGIC;
    SIGNAL ANDSD: STD_LOGIC_VECTOR(7 DOWNTO 0);
    SIGNAL DTBIN: STD_LOGIC_VECTOR(8 DOWNTO 0);
    SIGNAL DTBOUT: STD_LOGIC_VECTOR(15 DOWNTO 0);
BEGIN
    DOUT <= DTBOUT;
    GNDINT <= '0';
```

```
U1: ARICTL   PORT MAP(CLK => CLKK,   START => START,
                          CLKOUT => INTCLK, RST => RST, ARIEND => ARIEND);
U2: SREG8B   PORT MAP(CLK => INTCLK, LOAD => RST,
                            DIN => B, QB => QB);
U3: ANDARITH PORT MAP(ABIN => QB, DIN => A,DOUT => ANDSD);
U4: ADDER8B   PORT MAP(CIN => GNDINT,
                   A => DTBOUT(15 DOWNTO 8),   B => ANDSD,
                   S => DTBIN(7 DOWNTO 0), COUT => DTBIN(8));
U5: REG16B    PORT MAP(CLK => INTCLK, CLR => RST,
                  D => DTBIN,   Q => DTBOUT);
END struc;
```

2. 8 位乘法器 Verilog HDL 参考程序。

```
module ARICTL(CLK,START,CLKOUT,RST,ARIEND);  //控制模块
input CLK,START;
output CLKOUT,RST,ARIEND;
reg  CLKOUT,ARIEND;
wire RST;
assign RST = START;
reg[3:0] CNT4B;
always @ (posedge CLK or posedge START)
begin
 if(START)
CNT4B <= 4'b0000;
else if (CNT4B < 8)
begin
     CNT4B <= CNT4B + 1;
     end
     end
 always @ (CLK or CNT4B or START)
 if (!START)
 if (CNT4B < 8)
 begin
 CLKOUT <= CLK;
ARIEND <= 1'b0;
end
else
begin
CLKOUT <= 1'b0;
ARIEND <= 1'b1;
```

```
end
else
begin
CLKOUT <= CLK;
ARIEND <= 1'b0;
end
endmodule
module SREG8B (CLK,LOAD,DIN,QB);   //8 位右移寄存器
input CLK,LOAD;
input[7:0]   DIN;
output QB;
wire QB;
reg [7:0]   REG8;
assign QB = REG8[0];                 //输出最低位
always @ (posedge CLK)
begin
if (LOAD)
REG8 <= DIN;                         //装载新数据
else
REG8[6:0] <= REG8[7:1];              //数据右移
end
endmodule
module ANDARITH (ABIN,DIN,DOUT);     //选通与门模块
 input ABIN;
 input[7:0] DIN;
 output[7:0] DOUT;
 reg[7:0] DOUT;
 integer I;
 always @ (ABIN or DIN)
 for (I = 0;I < 8;I = I + 1)         // 循环,完成 8 位与 1 位运算
DOUT[I] = DIN[I] & ABIN;
endmodule
module ADDER8B (A,B,CIN,S,COUT);     //8 位加法器
input CIN;
input[7:0]    A,B;
output[7:0]    S;
output   COUT;
assign {COUT,S} = A + B + CIN;
endmodule
```

```
module REG16B(CLK,CLR,D,Q);             //16 位锁存器
input CLK,CLR;
input[8:0] D;
output[15:0] Q;
wire[15:0] Q;
reg[15:0] R16S;
 assign Q = R16S;
always @ (posedge CLK or posedge CLR)
begin
if (CLR)
 R16S <= 16'h0000;                      //清零
 else
 begin
 R16S[6:0] <= R16S[7:1];                //右移低 8 位
 R16S[15:7] <= D;                       //将输入锁到高 9 位
 end
 end
 endmodule
module MULTI8X8 (CLKK,START,A,B,ARIEND,DOUT);
                                        //8 位乘法器顶层设计
input CLKK,START;
input[7:0]A,B;
output  ARIEND;
output[15:0]  DOUT;
wire GNDINT,INTCLK,RST,QB;
wire[7:0]  ANDSD;
wire[8:0]  DTBIN;
wire[15:0] DTBOUT;
assign DOUT = DTBOUT;
assign GNDINT = 1'b0;
ARICTL   U1(.CLK (CLKK),.START (START),
            .CLKOUT (INTCLK), .RST(RST), .ARIEND (ARIEND));
SREG8B   U2(.CLK (INTCLK), .LOAD (RST),.DIN (B), .QB (QB));
ANDARITH U3(.ABIN (QB), .DIN (A),.DOUT(ANDSD));
ADDER8B  U4(.CIN (GNDINT), .A (DTBOUT[15:8]),.B (ANDSD[7:0]),
              .S(DTBIN[7:0]), .COUT (DTBIN[8]));
REG16B   U5(.CLK (INTCLK), .CLR(RST),.D (DTBIN),.Q (DTBOUT));
endmodule
```

2.6　七人表决器设计

一、实验目的

1. 掌握组合逻辑电路的设计方法。
2. 学习使用行为级描述方法设计电路。

二、实验原理

七人表决器是对 7 个表决者的意见进行表决的电路。该电路使用 7 个电平开关作为表决器的 7 个输入变量,当输入电平为“1” 时,表示表决者“同意”;当输入电平为“0” 时,表示表决者“不同意”。该电路的输出变量只有 1 个,用于表示表决结果。当表决器的 7 个输入变量中有不少于 4 个输入变量为“1”时,其表决结果输出逻辑高电平“1”,表示表决“通过”;否则,输出逻辑低电平“0”,表示表决“不通过”。

七人表决器的可选设计方案非常多,可以使用全加器的组合逻辑。使用 VHDL 进行设计时,可以选择行为级描述、寄存器级描述、结构描述等方法。

当采用行为级描述时,采用一个变量记载选择“通过”的总人数,当这个变量的数值大于等于 4 时,表决通过,一灯亮。否则,表决不通过,另一灯亮。因此,设计时需要检查每一个输入的电平,将逻辑高电平的输入数目相加,并且进行判断,从而决定表决是否通过。

三、实验内容

1. 设计实验实现实验原理中的描述。
2. 通过仿真、下载验证设计结果的正确性。

四、实验报告要求

1. 分析七人表决器的工作原理。
2. 写出源程序。
3. 画出仿真波形。

五、参考程序

1. 七人表决器 VHDL 参考程序。

```
LIBRARY IEEE;
USE IEEE.STD_LOGIC_1164.ALL;
USE IEEE.STD_LOGIC_UNSIGNED.ALL;
ENTITY vote7 IS
PORT (men: IN std_logic_vector (6 downto 0);
        LedPass,LedFail: OUT STD_LOGIC);
END vote7;
```

```
ARCHITECTURE behave OF vote7 IS
  signal pass: std_logic;
BEGIN
  PROCESS (men)
      variable temp:std_logic_vector(2 downto 0);
     BEGIN
       temp: ="000";
       for i in 0 to 6 loop
          if(men(i) ='1') then
             temp: =temp +1;
          else
             temp: =temp +0;
          end if;
       end loop;
       pass <=temp(2);
    END PROCESS;
    LedPass <='1' WHEN pass ='1' ELSE '0';
    LedFail <='1' WHEN pass ='0' ELSE '0';
END behave;
```

2. 七人表决器 Verilog HDL 参考程序。

```
module Vote7(in,LedPass,LedFail);
input[7:1]  in;
output LedPass,LedFail;
reg LedPass,LedFail;
integer K;
always @ (in)begin
K =in[1] +in[2] +in[3] +in[4] +in[5] +in[6] +in[7];
if(K <4)
begin LedPass =0;LedFail =1;end
else
begin LedPass =1;LedFail =0;end
end
endmodule
```

第 3 章　时序电路设计

3.1　触发器设计

一、实验目的

1. 掌握时序电路的设计方法。
2. 掌握 D 触发器的设计方法。
3. 掌握 JK 触发器的设计方法。

二、实验原理

触发器是具有记忆功能的基本逻辑单元，是组成时序逻辑电路的基本单元电路，在数字系统中有着广泛的应用。因此，熟悉各类触发器的逻辑功能、掌握各类触发器的设计是十分必要的。

1. D 触发器。

上升沿触发的 D 触发器有一个数据输入端 D、时钟输入端 CLK、数据输出端 Q，其逻辑符号如图 3.1 所示。

D 触发器的特性方程为 $Q^{n+1}=D$。

D 触发器的特性表如表 3.1 所示。

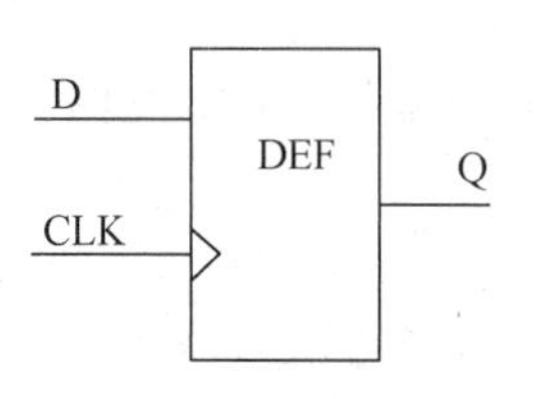

图 3.1　D 触发器逻辑电路图

表 3.1　D 触发器的特性表

CP	D	Q^n	Q^{n+1}	注释
×	×	×	Q^n	保持
↑	0	0	0	置 0
↑	0	1	0	
↑	1	0	1	置 1
↑	1	1	1	

从表 3.1 可以看出，只有在上升沿的脉冲到来之后，才可以将输入 D 的值传递到输出 Q。

2. JK 触发器。

JK 触发器的种类很多，结构有所不同。JK 触发器的特性表如表 3.2 所示。

JK 触发器的特性方程为 $Q^{n+1}=J\cdot\overline{Q^n}+\overline{K}\cdot Q^n$。

表 3.2　JK 触发器的特性表

J	K	Q^n	Q^{n+1}	注释	J	K	Q^n	Q^{n+1}	注释
0	0	0	0	保持	1	0	0	1	置 1
0	0	1	1		1	0	1	1	
0	1	0	0	置 0	1	1	0	1	计数
0	1	1	0		1	1	1	0	

本次实验设计一个具有复位、置位功能的边沿 JK 触发器，其逻辑符号如图 3.2 所示，特性表如表 3.3 所示。

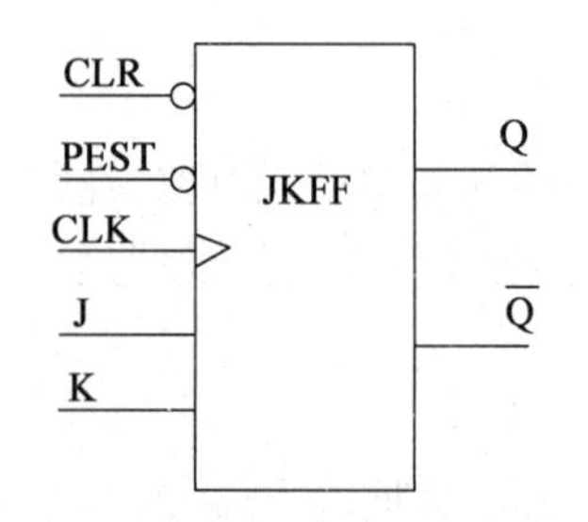

图 3.2　JK触发器逻辑电路图

表 3.3　具有复位、置位功能的 JK 触发器特性表

输入端					输出端	
PSET	CLR	CLK	J	K	Q	$\overline{Q}$
0	1	×	×	×	1	0
1	0	×	×	×	0	1
0	0	×	×	×	×	×
1	1	↑	0	1	0	1
1	1	↑	1	1	翻转	翻转
1	1	↑	0	0	不变	不变
1	1	↑	1	0	1	0
1	1	0	×	×	不变	不变

从表 3.3 可以看出，PSET = 0 时，触发器置数 Q = 1，CLR = 0 时触发器清零 Q = 0，当 PSET = CLR = J = K = 1 时，在 CLK 上升沿的时候触发器翻转。

三、实验内容

1. 通过分析、仿真验证两种触发器的逻辑功能和触发方式。

2. 在 D 触发器和 JK 触发器的基础上设计其他类型的触发器，如 T 触发器、带异步复位/置位的 D 触发器。

T 触发器的赋值条件为：

T = 1 时，q <= NOT q，在时钟上升沿赋值；

T = 0 时，q <= q，在时钟上升沿赋值。

带异步复位/置位的 D 触发器真值表如表 3.4 所示。

3. 通过仿真、下载验证设计的正确性。

表 3.4　带异步复位/置位的 D 触发器真值表

CLR	PSET	D	CLK	Q
0	×	×	×	0
1	0	×	×	1
1	1	0	上升沿	0
1	1	1	上升沿	1
1	1	×	0	不变
1	1	×	1	不变

四、设计提示

时序电路的初始状态是由复位信号来设置的，根据复位信号对时序电路复位的操作不同，可以分为同步复位和异步复位。同步复位是当复位信号有效且在给定的时钟边缘到来时，触发器才复位。异步复位是一旦复位信号有效，时序电路立即复位，与时钟信号无关。

五、实验报告要求

1. 分析、比较各种不同触发器的原理和工作方式。
2. 写出源程序。
3. 画出仿真波形。

六、参考程序

1. D 触发器的 VHDL 参考程序。

```
LIBRARY   IEEE;
USE IEEE.STD_LOGIC_1164.ALL;
ENTITY dffq   IS
   PORT   (d,clk: IN  STD_LOGIC;
                Q: OUT STD_LOGIC);
END dffq;
ARCHITECTURE dff1 OF dffq   IS
   BEGIN
P1: PROCESS(clk)
       BEGIN
        IF   (clk'EVENT AND clk ='1')   THEN
          Q <= d ;                         -- 在 clk 上升沿，d 赋予 q
       END IF;
END PROCESS P1;
END dff1;
```

```
--不用敏感表,采用 WAIT 语句设计 D 触发器
LIBRARY  IEEE;
USE IEEE.STD_LOGIC_1164.ALL;
ENTITY dffqw  IS
  PORT  (d,clk: IN STD_LOGIC;
           Q: OUT STD_LOGIC);
END dffqw;
ARCHITECTURE dff2 OF dffqw  IS
  BEGIN
    P1: PROCESS
        BEGIN
          WAIT UNTIL clk'EVENT AND clk = '1' ;
           Q <= d ;   -- 等待时钟变为 1 的时刻，输入值赋予输出端
END PROCESS P1;
END dff2;
```

2. JK 触发器的 VHDL 参考程序。

```
LIBRARY  IEEE;
USE IEEE.STD_LOGIC_1164.ALL;
ENTITY jkdff  IS
  PORT  (clk,clr,pset,j,k: IN STD_LOGIC;
          Q,qb: OUT STD_LOGIC);
END jkdff;
ARCHITECTURE rtl OF jkdff IS
    SIGNAL q_s,qb_s: STD_LOGIC;
  BEGIN
      PROCESS  (clk,pset,clr,j,k)
          BEGIN
            IF  (pset = '0')  THEN
               Q_s <= '1';
               Qb_s <= '0' ;
            ELSIF (clr = '0')   THEN
               Q_s <= '0';
               Qb_s <= '1';            --pset =0,clr =0,输出应该不确定
               ELSIF  (clk'EVENT AND clk = '1') THEN
                IF (j = '0') AND (k = '1')  THEN
                Q_s <= '0' ;
                Qb_s <= '1' ;
                ELSIF (j = '1') AND (k = '0')  THEN
                  Q_s <= '1';
```

```
                    Qb_s <= '1';
                    ELSIF (j = '1') AND (k = '1')   THEN
                      Q_s <= NOT q_s;
                      Qb_s <= NOT qb_s;
                    END IF;
                END IF;
                Q <= q_s;
               Qb <= qb_s;
      END PROCESS;
   END rtl;
```

3. 异步复位/置位 D 触发器 Verilog HDL 参考程序。

```
module dff1(q,qb,d,clk,Pset,clr);
input d,clk,Pset,clr;
output q,qb;
reg q,qb;
always @ (posedge clk or negedge Pset or negedge clr)
begin
  if (!clr) begin
      q =0;                         //清零
      qb =1;
  end else if (!Pset) begin
      q =1;                         //置 1
      qb =0;
  end else begin
      q =d;                         //在 clk 上升沿，d 赋予 q
      qb = ~d;
  end
end
endmodule
```

4. JK 触发器 Verilog HDL 参考程序。

```
module dff2(q,clk,J,K);
input clk,J,K;
output q;
reg q;
always @ (posedge clk)
begin
    case({J,K})
        2'b10: q =1;
        2'b01: q =0;
```

```
            2'b00: q = q;
            2'b11: q = ~q;
        endcase
    end
endmodule
```

3.2 寄存器和移位寄存器设计

一、实验目的

1. 学习并掌握通用寄存器的设计方法。
2. 学习并掌握移位寄存器的设计方法。

二、实验原理

1. 寄存器。

寄存器用于寄存一组二值代码,在数字系统和数字计算机中有着广泛的应用。由于一个触发器能储存1位二值代码,因此可用 n 个触发器构成 n 位寄存器,可储存 n 位二值代码。

构成寄存器的触发器只要求它们具有置0、置1的功能即可。而D触发器仅具有置0、置1的功能,可非常方便地构成寄存器,因此,一般采用D触发器设计寄存器。

在D触发器的设计中,用IF语句说明触发器翻转的条件。若条件成立,则将外部输入数据存入寄存器中;若条件不成立,则触发器不工作,其数据不发生变化,从而达到寄存数据的功能。

2. 移位寄存器。

移位寄存器是具有移位功能的寄存器,寄存器中的代码能够在移位脉冲的作用下依次左移或右移。根据移位寄存器移位方式不同可分为单向移位寄存器、双向移位寄存器及循环移位寄存器。根据移位寄存器存取信息的方式不同可分为串入串出、串入并入、并入串出、并入并出四种形式。

三、实验内容

1. 设计一个16位的通用寄存器。
2. 设计一个8位左循环移位寄存器。
3. 设计一个8位串入串出移位寄存器。
4. 设计一个8位串入并出移位寄存器。
5. 通过仿真、下载验证设计的正确性。

四、设计提示

可以利用 D 触发器设计出 8 位寄存器及移位寄存器。

移位寄存器的种类很多,除了左、右循环移位外,移位寄存器移出后的空位有的补“0”,有的补“1”,可以根据需要编写程序。

五、实验报告要求

1. 分析、比较各种不同移位寄存器的原理和工作方式。
2. 写出源程序。
3. 画出仿真波形。

六、参考程序

1. 8 位通用寄存器的 VHDL 参考程序。

```
LIBRARY IEEE;
USE IEEE. STD_LOGIC_1164. ALL;
ENTITY   reg_logic   IS
PORT    (d: IN STD_LOGIC_VECTOR  (0 TO 7);
         Clk: IN STD_LOGIC;
         Q: OUT STD_LOGIC_VECTOR  (0 TO 7));
END reg_logic;
ARCHITECTURE example OF reg_logic IS
BEGIN
  PROCESS (clk)
  BEGIN
    IF (clk' event AND clk ='1')   THEN
      Q <= d ;
    END IF;
  END PROCESS;
END example;
```

2. 8 位右循环移位寄存器的 VHDL 参考程序。

```
LIBRARY IEEE;
USE IEEE. STD_LOGIC_1164. ALL;
ENTITY   ror_shift_reg IS
POTT (load,clk: IN STD_LOGIC;
           pin: IN STD_LOGIC_VECTOR  (7 DOWNTO 0);
           pout: OUT STD_LOGIC_VECTOR (7 DOWNTO 0));
END;
ARCHITECTURE  behav OF ror_shift_reg IS
```

```
    signal data1: STD_LOGIC_VECTOR (7 DOWNTO 0);
    signal temp: STD_LOGIC;
  BEGIN
       PROCESS
          BEGIN
            WAIT UNTIL clk'event AND clk = '1';
            IF(load = '0')   THEN
             data1 <= pin;
            ELSE
              temp = data(0);
              data(6 DOWNTO  0) <= data(7 DOWNTO  1);
              data <= temp&data(6 DOWNTO 0);
            END IF;
          END PROCESS;
          pout <= data;
  END behav;
```

3．8 位通用寄存器 Verilog HDL 参考程序。

```
module reg8(d,clk,q);
input [7:0]d;
input clk;
output [7:0]q;
reg [7:0]q;
always @ (posedge clk)
      q = d;
endmodule
```

4．循环移位寄存器 Verilog HDL 参考程序。

```
module shiftercyc(din,clk,load,dout);
input clk,load;
parameter size = 8;
input[size:1] din;
output[size:1] dout;
reg[size:1] dout;
reg temp;
always @ (posedge clk)
begin
     if (load)
          dout = din;
     else begin
               temp = dout[1];
```

```
                dout = dout >> 1;
                dout[size] = temp;
            end
    end
    endmodule
```

5. 8 位移位寄存器的 VHDL 源程序。

```
LIBRARY IEEE;
USE IEEE.STD_LOGIC_1164.ALL;
ENTITY sreg166 IS
  PORT (clr,sl,ckin,clk,si: IN STD_LOGIC;
        D: IN STD_LOGIC_VECTOR (7 DOWNTO 0);
        Q: OUT STD_LOGIC) ;
END sreg166;
ARCHITECTURE behave OF sreg166 IS
SIGNAL tmpreg8: STD_LOGIC_VECTOR (7 DOWNTO 0);
BEGIN
  PROCESS (clr,sl,ckin,clk)
  BEGIN
      IF (clr = '0') THEN
          Tmpreg8 <= "00000000";
          Q <= tmpreg8(7) ;
      ELSIF (clk' event) AND (clk = '1')  THEN
       IF ckin = '0' THEN
          IF (sl = '0') THEN
                Tmpreg8(0) <= d(0);
                Tmpreg8(1) <= d(1);
                Tmpreg8(2) <= d(2);
                Tmpreg8(3) <= d(3);
                Tmpreg8(4) <= d(4);
                Tmpreg8(5) <= d(5);
                Tmpreg8(6) <= d(6);
                Tmpreg8(7) <= d(7);
                Q <= tmpreg8(7);
           Elsif (sl = '1') THEN
                   FOR i IN tmpreg8'HIGH DOWNTO tmpreg8'LOW + 1 LOOP
                     Tmpreg8(i) <= tmpreg8(i - 1);
                 END LOOP;
                   Tmpreg8(tmpreg8'LOW) <= si;
                   Q <= TMPREG8(7);
```

```
            END IF;
          END IF;
        END IF;
END PROCESS;
END behave;
```

其中,

D0 ~ D7:8 位并行数据输入端;

SI:串行数据输入端;

Q7:串行数据输出端;

Q0 ~ Q6:内部数据输出端;

CLK:同步时钟输入端;

CKIN:时钟信号禁止端;

SL:移位/装载控制端;

CLR:同步清零端。

表 3.5 为该 8 位移位寄存器的真值表,由表可知:

CLR = 0,输出 Q 为 0;

CKIN = 1,时钟禁止,不管时钟如何变化,输出不变;

SL = 1,移位状态,在时钟上升沿控制下向右移一位,SI 串入数据移入 Q0,而 Q 的输出将是移位前的内部 Q6;

SL = 0,装载状态,8 位输入数据装载到寄存器 Q。

表 3.5　8 位移位寄存器真值表

输入					输出	
CLR	SL	CKIN	CLK	SI	Q0 ~ Q6	Q7
0	×	×	×	×	0 0	0
1	0	0	上升沿	×	D0 ~ D6	D7
1	1	0	上升沿	1	1　Q5	Q6
1	1	0	上升沿	0	0　Q5	Q6
1	1	1	×	×	Q0　Q6	D7

6. 8 位串入/串出移位寄存器 Verilog HDL 参考程序。

```
module Shift_Reg(D,Clock,Z);
input D,Clock;
output Z;
reg[1:8]Q;
integer P;
always @ (negedge Clock)
begin
for (P = 1;P < 8;P = P + 1)
```

```
begin
Q[P+1] =Q[P];
 Q[1] =D;
end
end
assign Z =Q[8];
endmodule
```

7. 8 位并入/串出移位寄存器 Verilog HDL 参考程序。

```
module shifter_piso(data_in,load,clk,clr,data_out);
parameter size =8;
input load,clk,clr;
input[size:1]data_in;
output data_out;
reg data_out;
reg[size:1]shif_reg;
always @ (posedge clk)
begin
      if (!clr)
      shif_reg ='b0;
      else if (load)
      shif_reg =data_in;
         else
            begin
               shif_reg =shif_reg< <1;
               shif_reg[1] =0;
            end
data_out =shif_reg[size];
end
endmodule
```

3.3　计数器设计

一、实验目的

1. 学习并掌握时序逻辑电路的设计。
2. 熟练掌握计数器的设计。

二、实验原理

计数器是数字系统中使用得最多的时序逻辑电路,其应用范围非常广泛。计数器不仅能用于对时钟脉冲计数,而且还能用于定时、分频、产生节拍脉冲和脉冲序列以及进行数字运算等。

计数器的种类很多。按构成计数器的各触发器是否同时翻转来分,可分为同步计数器和异步计数器。在同步计数器中,当时钟脉冲输入时触发器的翻转是同时发生的;而在异步计数器中,触发器的翻转有先后顺序,不是同时发生的。根据计数进制的不同,可分为二进制计数器、十进制计数器和任意进制计数器。根据计数过程中计数器的数字增减分类,可分为加法计数器、减法计数器和可逆计数器。随着计数脉冲的不断输入而作递增计数的称为加法计数器,作递减计数的称为减法计数器,可增可减的称为可逆计数器。

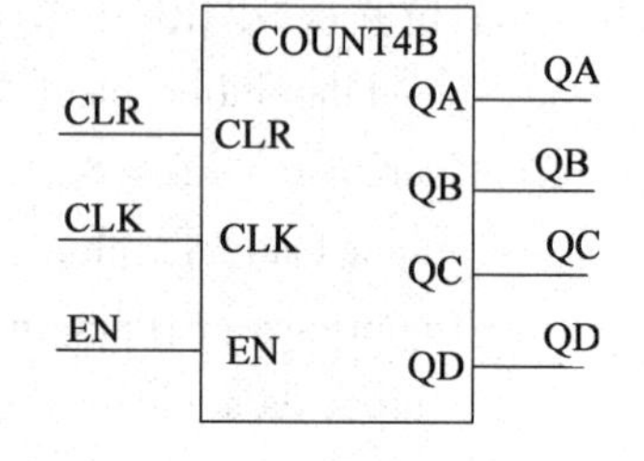

图 3.3　4 位同步二进制加法计数器逻辑符号

1. 4 位同步二进制计数器。

图 3.3 是具有异步复位、计数允许的 4 位同步二进制加法计数器逻辑符号,表 3.6 是它的功能表。

表 3.6　4 位同步二进制加法计数器功能表

输入端			输出端			
CLR	EN	CLK	QD	QC	QB	QA
1	×	×	0	0	0	0
0	0	×	不变	不变	不变	不变
0	1	上升沿	计数值加 1			

2. 同步十进制计数器。

74160 是一个具有异步清零、可预置数的同步十进制加法计数器,利用它的工作原理,可以设计一个十进制可预置数计数器。图 3.4 是它的逻辑符号,表 3.7是它的功能表。其中,

CLK: 时钟信号输入端;

CLRN: 清零输入端;

ENT、ENP:工作状态控制输入端;

A、B、C、D:预置数输入端;

LDN:预置数控制输入端;

QD、QC、QB、QA: 计数输出端;

RCO:进位输出端。

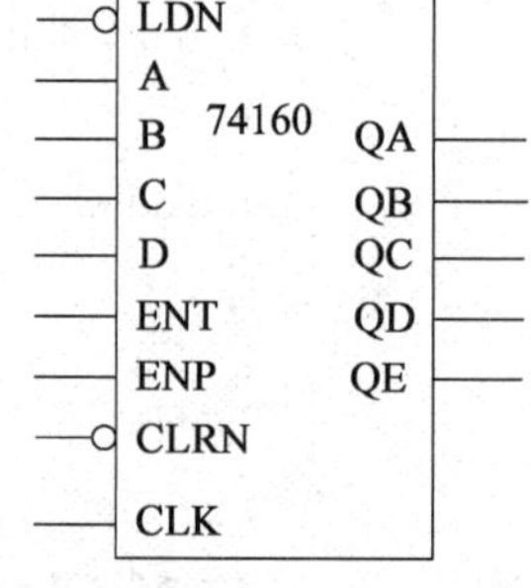

图 3.4　74160 逻辑符号

表 3.7　74160 的功能表

输入端									输出端				
CLK	LDN	CLRN	ENP	ENT	D	C	B	A	QD	QC	QB	QA	RCO
×	×	0	×	×					0	0	0	0	0
上升沿	0	1	×	×	D	C	B	A	D	C	B	A	×
上升沿	1	1	×	0					QD	QC	QB	QA	×
上升沿	1	1	0	×					QD	QC	QB	QA	0
上升沿	1	1	1	1					0	0	0	0	0
上升沿	1	1	1	1					0	0	0	1	0
上升沿	1	1	1	1					0	0	1	0	0
上升沿	1	1	1	1					0	0	1	1	0
上升沿	1	1	1	1					0	1	0	0	0
上升沿	1	1	1	1					0	1	0	1	0
上升沿	1	1	1	1					0	1	1	0	0
上升沿	1	1	1	1					0	1	1	1	0
上升沿	1	1	1	1					1	0	0	0	0
上升沿	1	1	1	1					1	0	0	1	1

三、实验内容

1. 设计一个 8 位可逆计数器,其功能表如表 3.8 所示。

表 3.8　8 位可逆计数器功能表

CLR	UPDOWN	CLK	Q7 Q6 Q5 Q4 Q3 Q2 Q1 Q0
1	×	×	0 0 0 0 0 0 0 0
0	1	上升沿	加 1 操作
0	0	上升沿	减 1 操作

其中,UPDOWN 为可逆计数器的计数方向控制端,当 UPDOWN = 1 时,计数器加 1 操作;当 UPDOWN = 0 时,计数器减 1 操作。

2. 设计一个 8 位异步计数器。
3. 设计具有 74160 功能的计数器模块,编写源程序。
4. 设计一个具有可预置数的 8 位加/减法计数器,编写源程序。
5. 通过仿真、下载验证设计的正确性。

四、设计提示

同步计数器在时钟脉冲 CLK 的控制下,构成计数器的各触发器状态同时发生变化;异步计数器下一位计数器的输出作为上一位计数器的时钟信号,即其由这样的串行连接构成。

注意同步复位和异步复位。

五、实验报告要求

1. 分析计数器的工作原理。
2. 写出源程序。
3. 画出仿真波形。

六、参考程序

1. 4位二进制同步计数器的VHDL参考程序。

```
LIBRARY IEEE;
USE IEEE.STD_LOGIC_1164.ALL;
USE IEEE.STD_LOGIC_UNSIGNED.ALL;
ENTITY count4 IS
  PORT (clk,clr,en: IN STD_LOGIC;
        Qa,qb,qc,qd: OUT STD_LOGIC);
END count4;
ARCHITECTURE example OF count4 IS
    SIGNAL count_4: STD_LOGIC_VECTOR (3 DOWNTO 0);
BEGIN
    Qa <= count_4 (0);
    Qb <= count_4 (1);
    Qc <= count_4 (2);
    Qd <= count_4 (3);
PROCESS  (clk, clr)
      BEGIN
       IF (clr = 1' ) THEN
          Count_4 <= "0000";
        ELSIF  (clk' event AND clk = 1' ) THEN
          IF (en = 1' ) THEN
            IF (count_4 = "1111" ) THEN
                count_4 <= "0000";
             ELSE
               Count_4 <= count_4 + 1;
             END IF;
          END IF;
      END IF;
      END PROCESS;
END example;
```

2. 4 位二进制同步计数器 Verilog HDL 参考程序。

```
module count4(clr,EN,clk,qd);
input clr,EN,clk;
output[3:0] qd;
reg[3:0] qd;
always @ (posedge clk)
if (clr)
qd =0;
else
if (EN)
  qd = qd + 1;
else
qd = qd;
endmodule
```

3. 74160 的 VHDL 参考程序。

```
LIBRARY IEEE;
USE IEEE. STD_LOGIC_1164. ALL;
USE IEEE. STD_LOGIC_UNSIGNED. ALL;
ENTITY ls160 IS
PORT(data: IN std_logic_vector(3 downto 0);
        clk,ld,enp,ent,clr: IN std_logic;
        count: BUFFER std_logic_vector(3 downto 0);
        rco:OUT std_logic);
END ls160;
ARCHITECTURE behavior OF ls160 IS
BEGIN
  rco <= '1' when (count ="1001" and enp = '1' and ent = '1' and ld = '1' and
  clr = '1') else '0';
PROCESS (clk,clr,enp,ent,ld)
  BEGIN
  IF(clr = '0') THEN
        count <="0000";
  ELSIF(rising_edge(clk)) THEN
        IF(ld = '1') THEN
          IF (enp = '1') THEN
              IF(ent = '1')then
                IF(count ="1001")then
                      count <="0000";
                ELSE
```

```
                    count <= count + 1;
                END IF;
                ELSE
                    count <= count;
                END IF;
            ELSE
                count <= count;
            END IF;
        ELSE
            count <= data;
        END IF;
    END IF;
END PROCESS;
END behavior;
```

4. 十进制可预置、可加/减计数器 Verilog HDL 参考程序。

```
module PNcounter(Clk,Q,CLRN,LDN,I,ENP,ENT,RCO);
input Clk,CLRN,LDN,ENP,ENT;
input[3:0] I;
output[3:0] Q;
output RCO;
reg RCO;
reg[3:0] Q;
always @(posedge Clk  or  negedge CLRN)
begin
if(~CLRN)
begin Q=0;RCO=0;end
else  begin casex({LDN,ENP,ENT})
            3'b0xx: Q=I;                                         //置数
            3'b101: if(Q>0) Q=Q-1;else Q=9;                      //十进制减计数
            3'b110: if(Q<9) Q=Q+1;else begin Q=0;RCO=1;end
                                                                 //十进制加计数
            default:Q=Q;
            endcase
      end
end
endmodule
```

3.4　模可变 16 位计数器设计

一、实验目的

1. 进一步熟悉并掌握计数器的设计。
2. 学习模可变计数器的设计。

二、实验原理

模可变 16 位计数器的逻辑图如图 3.5 所示。CLK 为时钟输入,M[2..0]为模式控制端,最多可实现 8 种不同模式的计数方式。例如,可构成七进制、十进制、十六进制、三十三进制、一百进制、一百二十九进制、二百进制和二百五十六进制共 8 种计数模式。

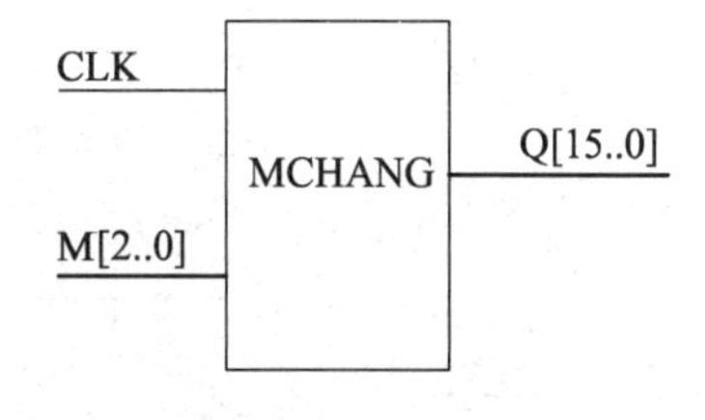

图 3.5　模可变 16 位计数器的逻辑图

三、实验内容

1. 设计模可变 16 位加法计数器。
2. 设计一个具有 4 种模式的 8 位加/减法计数器。
3. 通过仿真、下载验证设计的正确性。

四、实验报告要求

1. 分析模可变加法计数器的工作原理。
2. 写出源程序。
3. 画出仿真波形。

五、参考程序

1. 模可变 16 位加法计数器的 VHDL 参考程序。

```
  --m=000→七进制
  --m=001→十进制
  --m=010→十六进制
  --m=011→三十三进制
  --m=100→一百进制
  --m=101→一百二十九进制
  --m=110→二百进制
  --m=111→二百五十六进制
LIBRARY IEEE;
USE IEEE.STD_LOGIC_1164.ALL;
```

```
USE IEEE. STD_LOGIC_UNSIGNED. ALL;
ENTITY mchag IS
PORT (clk: IN STD_LOGIC;
          m: IN STD_LOGIC_VECTOR(2 DOWNTO 0);
          pout: BUFFER STD_LOGIC_VECTOR(15 DOWNTO 0));
END mchag;
ARCHITECTURE behav OF mchag IS
SIGNAL m_temp: STD_LOGIC_VECTOR(2 DOWNTO 0);
BEGIN
    PROCESS
BEGIN
                WAIT UNTIL clk'EVENT AND clk = '1';
 IF(m_temp/ = m)   THEN
    m_temp <= m;pout <= "0000000000000000";
ELSE
      IF m = "000" THEN
         IF pout < 6 THEN pout <= pout + 1;
         ELSE pout <= "0000000000000000";    --七进制计数器
         END IF;

      ELSIF m = "001" THEN
         IF pout < 9 THEN pout <= pout + 1;
         ELSE pout <= "0000000000000000";    --十进制计数器
         END IF;
      ELSIF m = "010" THEN
         IF pout < 15 THEN pout <= pout + 1;
         ELSE pout <= "0000000000000000";    --十六进制计数器
         END IF;
      ELSIF m = "011" THEN
         IF pout < 32 THEN pout <= pout + 1;
         ELSE pout <= "0000000000000000";    --三十三进制计数器
         END IF;
      ELSIF m = "100" THEN
         IF pout < 99 THEN pout <= pout + 1;
         ELSE pout <= "0000000000000000";    --一百进制计数器
         END IF;
      ELSIF m = "101" THEN
         IF pout < 128 THEN pout <= pout + 1;
         ELSE pout <= "0000000000000000";    --一百二十九进制计数器
```

```
            END IF;
        ELSIF m ="110" THEN
            IF pout <199 THEN pout <= pout +1;
            ELSE pout <="0000000000000000";    --二百进制计数器
            END IF;
        ELSE
            IF pout <255 THEN pout <= pout +1;
            ELSE pout <="0000000000000000";    --二百五十六进制计数器
            END IF;
      END IF;
  END IF;
  END PROCESS;
  END behav;
```

2. 模可变 16 位加法计数器的 Verilog HDL 参考程序。

```
module mchag(clk,m,Q);
input clk;
input[2:0] m;
output[15:0] Q;
integer cnt;
assign Q = cnt;
always @ (posedge clk)
begin
case(m)
3'b000: if(cnt <4) cnt = cnt +1; else cnt =0;        //五进制计数器
3'b001: if(cnt <9) cnt = cnt +1; else cnt =0;        //十进制计数器
3'b010: if(cnt <15) cnt = cnt +1; else cnt =0;       //十六进制计数器
3'b011: if(cnt <45) cnt = cnt +1; else cnt =0;       //四十六进制计数器
3'b100: if(cnt <99) cnt = cnt +1; else cnt =0;       //一百进制计数器
3'b101: if(cnt <127) cnt = cnt +1; else cnt =0;      //一百二十八进制计数器
3'b110: if(cnt <199) cnt = cnt +1; else cnt =0;      //二百进制计数器
3'b111: if(cnt <255) cnt = cnt +1; else cnt =0;      //二百五十六进制计数器
endcase
end
endmodule
```

3.5　序列检测器设计

一、实验目的

学习序列检测器的设计。

二、实验原理

序列检测器可用于检测一组或多组由二进制码组成的脉冲序列信号,在数字通信领域有着广泛的应用。当序列检测器连续收到一组串行二进制码后,如果这组码与检测器中预先设置的码相同,则输出1,否则输出0。由于这种检测的关键在于接收到的序列信号必须是连续的,这就要求检测器必须记住前一次接收的二进制码以及正确的码序列,并且在连续检测中所接收到的每一位码都与预置数的对应码相同。在检测过程中,任何一位不相等都将回到初始状态重新开始检测。如图3.6所示,当一串待检测的串行数据进入检测器后,若此数在每一位的连续检测中都与预置的密码数相同,则输出"A",否则输出"B"。

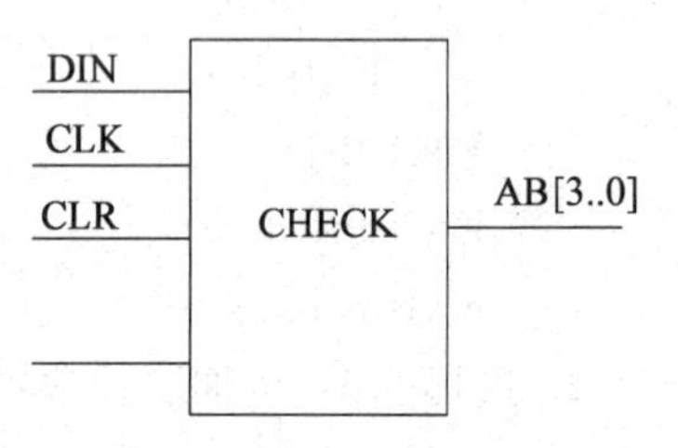

图3.6　8位序列检测器逻辑图

三、实验内容

1. 设计图3.6所描述的序列检测器。
2. 根据上面的原理,设计能检测两组不同的串行输入序列的序列检测器。
3. 通过仿真、下载验证设计的正确性。

四、实验报告要求

1. 分析序列检测器的原理。
2. 写出源程序。
3. 画出仿真波形。

五、参考程序

1. 序列检测器的VHDL参考程序。

```
LIBRARY IEEE;
USE IEEE.STD_LOGIC_1164.ALL;
ENTITY check IS
     PORT (din,clk,clr: IN STD_LOGIC;
                        d: IN STD_LOGIC_VECTOR(7 DOWNTO 0);
                       ab: OUT STD_LOGIC_VECTOR(3 DOWNTO 0));
```

```
END CHK;
ARCHITECTURE behav OF check IS
    SIGNAL Q: INTEGER RANGE 0 TO 8;
BEGIN
PROCESS(clk,clr)
BEGIN
IF clr = '1' THEN   Q <=0;
ELSIF clk'EVENT AND clk = '1' THEN
 CASE Q IS
WHEN 0 =>   IF din = D(7) THEN Q <=1; ELSE Q <=0; END IF;
WHEN 1 =>   IF din = D(6) THEN Q <=2; ELSE Q <=0; END IF;
WHEN 2 =>   IF din = D(5) THEN Q <=3; ELSE Q <=0; END IF;
WHEN 3 =>   IF din = D(4) THEN Q <=4; ELSE Q <=0; END IF;
WHEN 4 =>   IF din = D(3) THEN Q <=5; ELSE Q <=0; END IF;
WHEN 5 =>   IF din = D(2) THEN Q <=6; ELSE Q <=0; END IF;
WHEN 6 =>   IF din = D(1) THEN Q <=7; ELSE Q <=0; END IF;
WHEN 7 =>   IF din = D(0) THEN Q <=8; ELSE Q <=0; END IF;
WHEN OTHERS =>   Q <=0;
    END CASE;
END IF;
END PROCESS;
PROCESS(Q)
BEGIN
        IF Q =8    THEN   AB <="1010";              --输出“A”
        ELSE              AB <="1011";              --输出“B”
        END IF;
END PROCESS;
END behav;
```

2. 序列检测器的 Verilog HDL 参考程序。

```
module Check(din,clk,Clr,d,ab);
input din,clk,Clr;
input[7:0]d;
output[3:0]ab;
reg[3:0]ab;
integer Q;
always @ (posedge clk)
begin
if (Clr)
Q =0;
```

```
else case(Q)
            0: begin if (din == d[7]) Q =1;else Q =0;end
            1: begin if (din == d[6]) Q =2;else Q =0;end
            2: begin if (din == d[5]) Q =3;else Q =0;end
            3: begin if (din == d[4]) Q =4;else Q =0;end
            4: begin if (din == d[3]) Q =5;else Q =0;end
            5: begin if (din == d[2]) Q =6;else Q =0;end
            6: begin if (din == d[1]) Q =7;else Q =0;end
            7: begin if (din == d[0]) Q =8;else Q =0;end
            default:Q =0;
      endcase
end
always @ (Q)
if(Q ==8)
ab =4'b1010;        // 输出“A”
else ab =4'b1011;  // 输出“B”
endmodule
```

第 4 章　综合设计型实验

4.1　数字秒表设计

一、实验任务及要求

设计用于体育比赛的数字秒表,具体要求如下:

1. 计时精度大于 1/1 000 秒,计时器能显示 1/1 000 秒的时间,提供给计时器内部定时的时钟频率为 12 MHz;计时器的最长计时时间为 1 小时,为此需要一个 7 位的显示器,显示的最长时间为 59 分 59.999 秒。

2. 设计复位和起/停开关。

(1) 复位开关用来使计时器清零,并做好计时准备。

(2) 起/停开关的使用方法与传统的机械式计时器相同,即按一下起/停开关,启动计时器开始计时,再按一下起/停开关计时终止。

(3) 复位开关可以在任何情况下使用,即使在计时过程中,只要按一下复位开关,计时进程立刻终止,并对计时器清零。

3. 采用层次化设计方法设计符合上述功能要求的数字秒表。

4. 对电路进行功能仿真,通过波形确认电路设计是否正确。

5. 完成电路全部设计后,通过在实验箱中下载,验证设计的正确性。

二、设计说明与提示

秒表的电路逻辑图如图 4.1 所示,主要有分频器、十进制计数器(1/10 秒、1/100 秒、1/1 000秒、秒的个位、分的个位,共 5 个十进制计数器)以及秒的十位和分的十位两个六进制计数器。设计中首先需要获得一个比较精确的 1 000 Hz 计时脉冲,即周期为 1/1 000 秒的计时脉冲。其次,除了对每一计数器需设置清零信号输入外,还需在 4 个十进制计数器上设置时钟使能信号,即计时允许信号,以便作为秒表的计时起停控制开关。7 个计数器中的每一计数的 4 位输出,通过外设的 BCD 译码器输出显示。图 4.1 中 7 个 4 位二进制计数输出的显示值分别为:DOUT[3..0]显示千分之一秒、DOUT[7..4]显示百分之一秒、DOUT[11..8]显示十分之一秒、DOUT[15..12]显示秒的个位、DOUT[19..16]显示秒的十位、DOUT[23..20]显示分的个位、DOUT[27..24]显示分的十位。

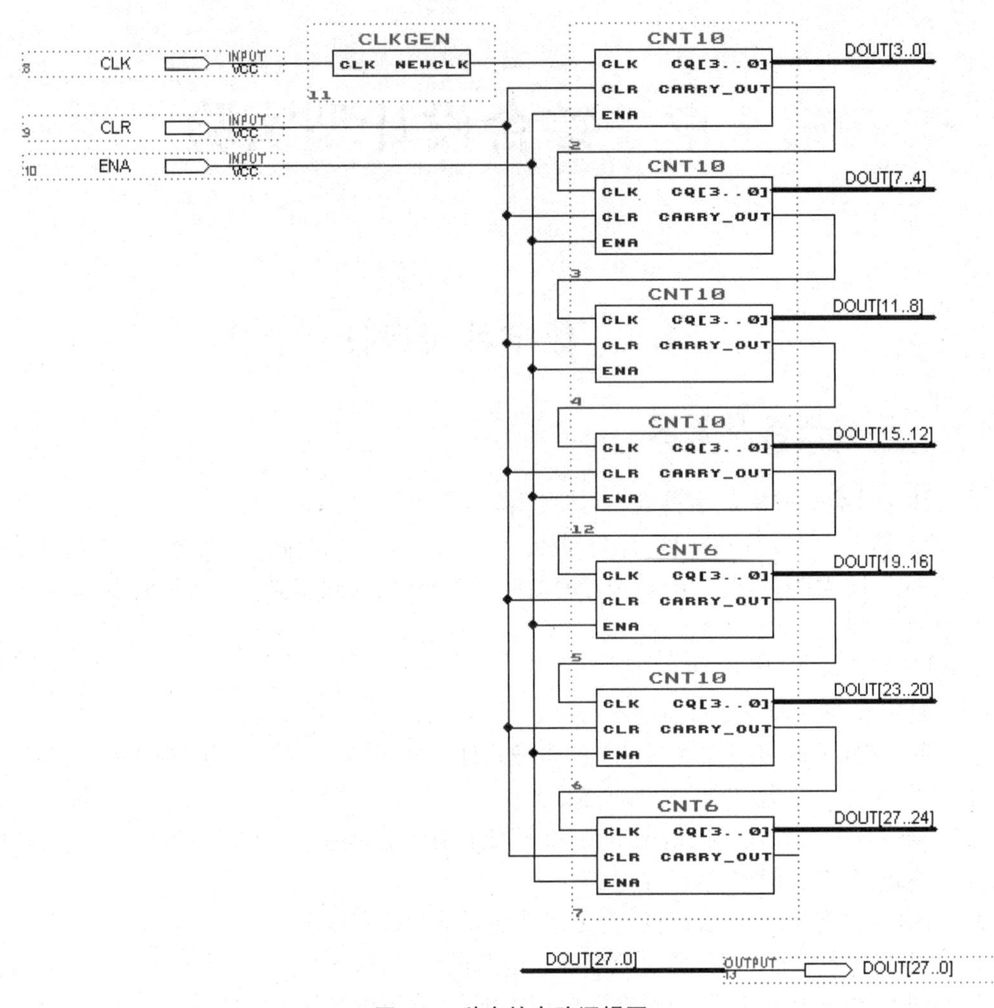

图 4.1　秒表的电路逻辑图

三、实验报告要求

1. 分析秒表的工作原理，画出时序波形图。
2. 画出顶层原理图。
3. 写出各功能模块的源程序。
4. 画出各功能模块仿真波形。
5. 书写实验报告时应结构合理、层次分明。

4.2　频率计设计

一、实验任务及要求

1. 设计一个可测频率的数字式频率计，测量范围为 1 Hz～12 MHz。该频率计的逻辑图如图 4.2 所示。

2. 用层次化设计方法设计该电路，编写各个功能模块的程序。

3. 仿真各功能模块，通过观察有关波形确认电路设计是否正确。

4. 完成电路设计后，通过在实验系统中下载，验证设计的正确性。

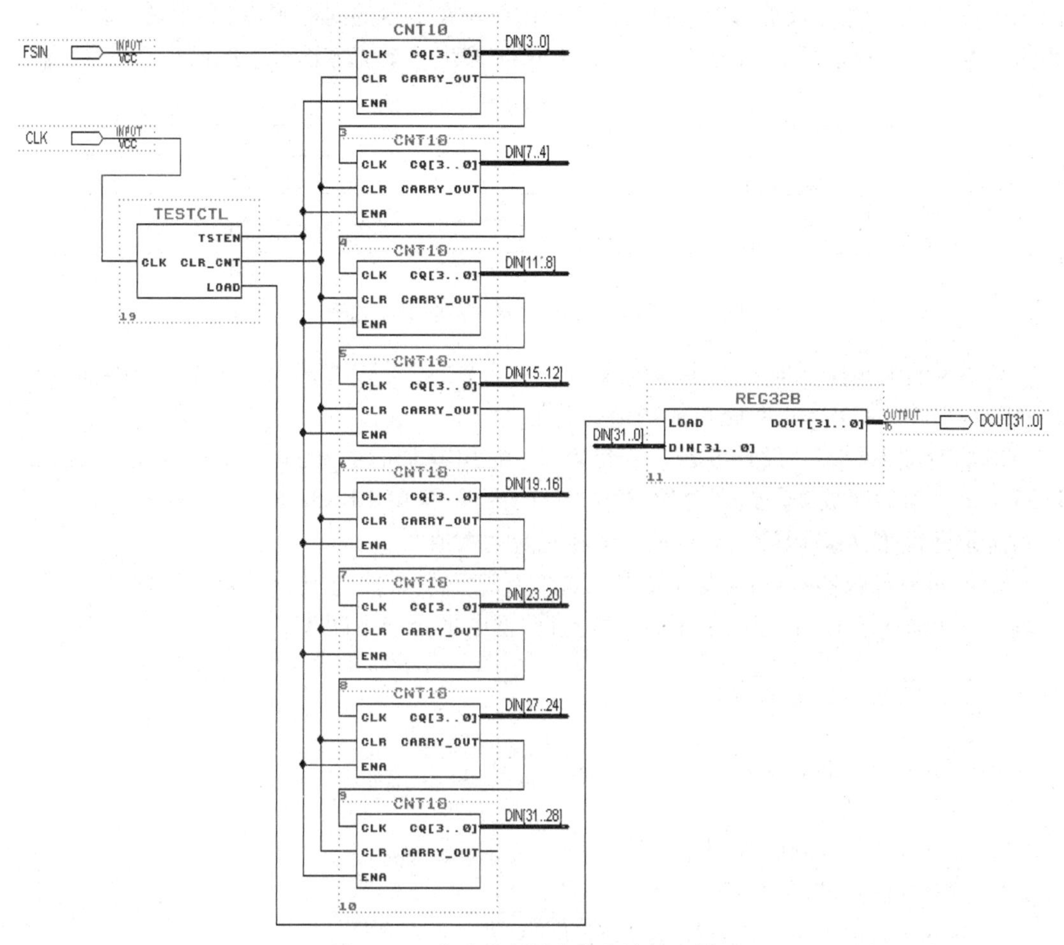

图 4.2　8 位十进制数字频率计的逻辑图

二、设计说明与提示

由图 4.2 可知，8 位十进制数字频率计，由一个测频控制信号发生器 TESTCTL、8 个有时钟使能的十进制计数器 CNT10、一个 32 位锁存器 REG32B 组成。

1. 测频控制信号发生器设计要求。频率测量的基本原理是计算每秒钟内待测信号的脉冲个数。这就要求 TESTCTL 的计数使能信号 TSTEN 能产生一个 1 秒脉宽的周期信号，并对频率计的每一计数器 CNT10 的 ENA 使能端进行不同的控制。当 TSTEN 高电平时允许计数、低电平时停止计数，并保持其所计的数。在停止计数期间，首先需要一个锁存信号 Load 的上跳沿将计数器在前 1 秒的计数值锁存进 32 位锁存器 REG32B 中，且由外部的七段译码器译出并稳定显示。设置锁存器的好处是，显示的数据稳定，不会由于周期性的清零信号而不断闪烁。锁存信号之后，必须有一清零信号 CLR_CNT 对计数器进行清零，为下 1 秒的计数操作做准备。测频控制信号发生器的工作时序如图 4.3 所示。为了产生这个时序图,需首先建立一个由 D 触发器构成的二分频器,在每次时钟 CLK 上跳沿到来时使其值翻转。其中控制信号时钟 CLK 的频率为 1 Hz,那么信号 TSTEN 的脉宽恰好为 1 秒,可以用作闸门信号。然后根据测频的时序要求,可得出信号 Load 和 CLR_CNT 的逻辑描述。由图 4.3 可见,在计数完成后,即计数使能信号 TSTEN 在 1 秒的高电平后,利用其反相值的上跳沿产生一个锁存信号 Load,0.5 秒后,CLR_CNT 产生一个清零信号上跳沿。

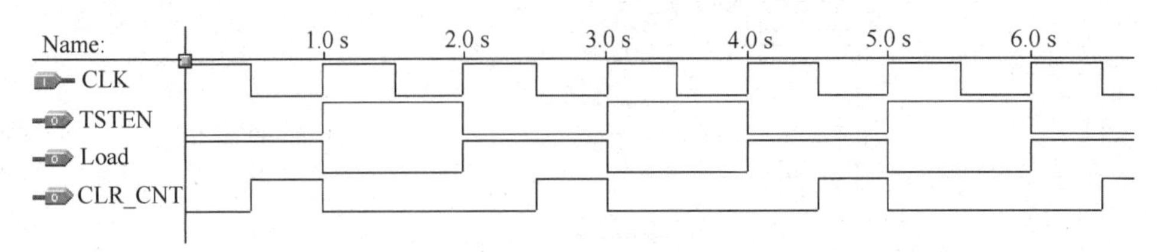

图 4.3 测频控制信号发生器的工作时序

高质量的测频控制信号发生器的设计十分重要,设计中要对其进行仔细的实时仿真(TIMING SIMULATION),防止可能产生的毛刺。

2. 寄存器 REG32B 设计要求。若已有 32 位 BCD 码存在于此模块的输入口,在信号 Load 的上升沿后即被锁存到寄存器 REG32B 的内部,并由 REG32B 的输出端输出,经七段译码器译码后,能在数码管上显示输出的相对应的数值。

3. 十进制计数器 CNT10 设计要求。如图 4.2 所示,此十进制计数器的特殊之处是,有一时钟使能输入端 ENA,当高电平时计数允许,低电平时禁止计数。

三、实验报告要求

1. 分析频率计的工作原理。
2. 画出顶层原理图。
3. 写出各功能模块的源程序。
4. 画出各仿真模块的波形。
5. 书写实验报告应结构合理、层次分明。

4.3 多功能数字钟设计

一、实验任务及要求

1. 能进行正常的时、分、秒计时功能,分别由 6 个数码管显示 24 小时、60 分钟、60 秒钟。

2. 能利用实验系统上的按键实现校时、校分功能。

(1) 按下开关键 1 时,计时器迅速递增,并按 24 小时循环,计满 23 小时后回 00。

(2) 按下开关键 2 时,计分器迅速递增并按 59 分钟循环,计满 59 分钟后回 00,不向时进位。

(3) 按下开关键 3 时,秒清零。

3. 能利用扬声器做整点报时。

（1）当计时到达 59 分 50 秒时开始报时，在 59 分 50 秒、52 秒、54 秒、56 秒、58 秒鸣叫，鸣叫声频率可为 512 Hz。

（2）到达 59 分 60 秒时为最后一声整点报时，整点报时频率可定为 1 kHz。

4. 用层次化设计方法设计该电路，编写各个功能模块的程序。

5. 仿真报时功能，通过观察有关波形确认电路设计是否正确。

6. 完成电路设计后，通过在实验系统中下载，验证设计的正确性。

二、设计说明与提示

系统顶层框图如图 4.4 所示，其原理如图 4.5 所示。

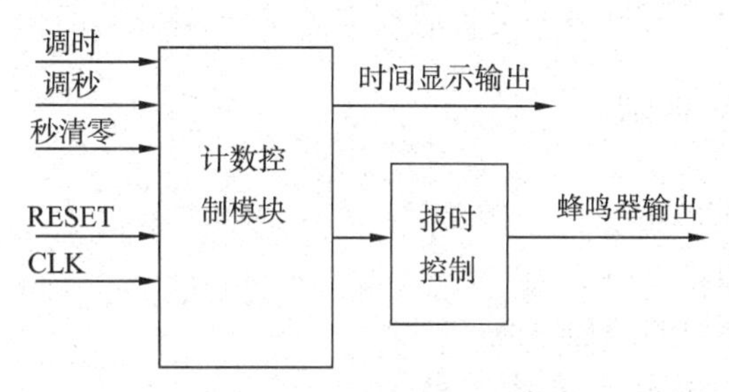

图 4.4　系统顶层框图

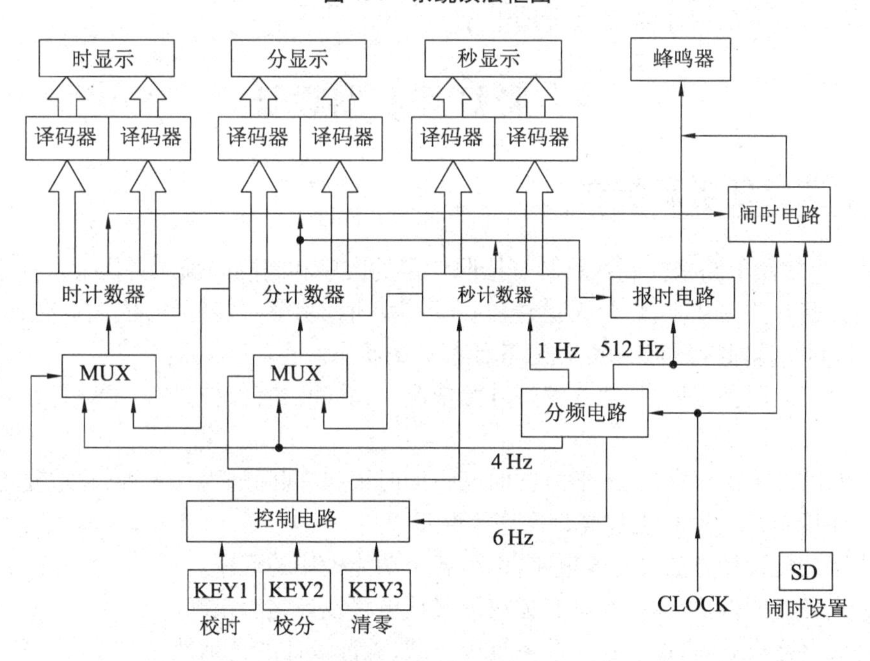

图 4.5　系统原理图

模块电路功能如下：

1. 秒计数器、分计数器、时计数器组成了最基本的数字钟计时电路，其计数输出送七段译码电路，由数码管显示。

2. 基准频率分频器可分频出标准的 1 Hz 频率信号用于秒计数的时钟信号；分频出 4 Hz 频率信号用于校时、校分的快速递增信号；分频出 64 Hz 频率信号用于对按动校时、校分按键时消除抖动。

3. MUX 模块是二选一数据选择器,用于校时、校分与正常计时的选择。

4. 控制电路模块是一个校时、校分、秒清零的模式控制模块,64 Hz 频率信号用于键 KEY1、KEY2、KEY3 的消除抖动。而模块的输出则是一个边沿整齐的输出信号。

5. 报时电路模块需要 512 Hz 频率信号,通过一个组合电路完成,前五声讯响功能报时电路还需用一个触发器来保证整点报时时间为 1 秒。

6. 闹时电路模块也需要 512 Hz 或 1 kHz 音频信号以及来自秒计数器、分计数器和时计数器的输出信号作本电路的输入信号。

7. 闹时电路模块的工作原理如下:按下闹时设置按键 SD 后,将一个闹时数据存入D 触发器内,时钟正常运行,D 触发器内存的闹时时间与正在运行的时间进行比较,当比较的结果相同时,输出一个启动信号触发一分钟闹时电路工作,输出音频信号。

三、实验报告要求

1. 分析系统的工作原理。
2. 画出顶层原理图。
3. 写出各个功能模块的源程序。
4. 仿真报时功能,画出仿真波形。
5. 实验报告应结构合理、层次分明。

4.4 彩灯控制器设计

一、实验任务及要求

设计一个控制电路来控制八路彩灯按照一定的次序和间隔闪烁。具体要求如下:

1. 当控制开关为 0 时,灯全灭;当控制开关为 1 时,从第一盏开始,依次点亮,时间间隔为 1 秒。其间一直保持只有一盏灯亮,其他都灭的状态。

2. 八盏灯依次亮完后,从第八盏灯开始依次灭,其间一直保持只有一盏灯灭,其他都亮的状态。

3. 当八盏灯依次灭完后,八盏灯同时亮再同时灭,其间间隔为 0.5 秒,并重复 4 次。

4. 只要控制开关为 1,上述亮灯次序不断重复。

5. 用层次化设计方法设计该电路,编写各个功能模块的程序。

6. 仿真各功能模块,通过观察有关波形确认电路设计是否正确。

7. 完成电路设计后,通过在实验系统中下载,验证设计的正确性。

二、设计说明与提示

系统框图如图 4.6 所示。彩灯控制器分为三个部分。第一个模块(BACK)由一个计数器控制,当计数器的输出是高电平时模块输出“11111111”,低电平时输出“00000000”,所以此模块的功能就是以 2 Hz 的频率不停地输出“11111111”和“00000000”。第二个模块(MOVE)由一个 1 位计数器和一个 5 位计数器组成。其中 1 位计数器是作为分频器使用

的,它的输出是 1 Hz 的时钟;5 位计数器有两个功能:一方面控制它的输出在“00000”到“10111”之间输出彩灯的 24 个状态,另一方面控制 CO 的状态。CO 是下一个模块(MUX21)的控制信号,当计数的值小于 24 时输出 0,这时 MUX21 选择输出此计数器输出的中间 8 位信号;当计数器的值大于等于 24 时,CO 等于 1,此时 MUX21 选择输出 BACK 输出的 8 位信号。

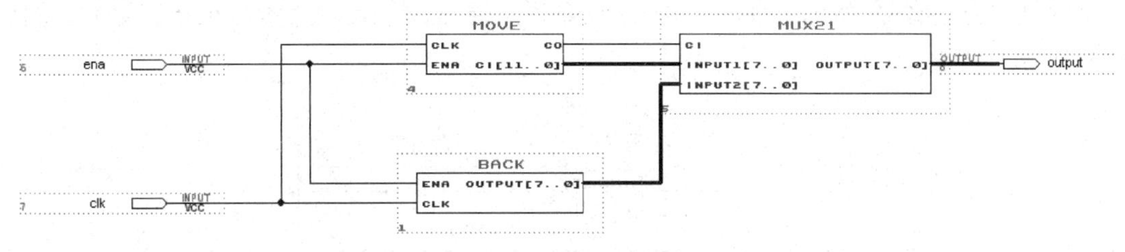

图 4.6　系统框图

三、实验报告要求

1. 分析电路的工作原理。
2. 画出顶层原理图。
3. 写出各个功能模块的程序。
4. 仿真各功能模块,画出仿真波形。
5. 书写实验报告应结构合理、层次分明。

4.5　交通灯控制器设计

一、实验任务及要求

1. 能显示十字路口东西、南北两个方向的红灯、黄灯、绿灯的指示状态,用两组发光管表示两个方向的红灯、黄灯、绿灯。

2. 能实现正常的倒计时功能。

用两组数码管 LED 作为东西、南北方向的时间显示,时间为红灯 45 秒、绿灯 40 秒、黄灯 5 秒。

3. 能实现特殊状态的功能。

按键 1 按下后能实现:

(1) 计数器停止计数并保持在原来的状态。

(2) 东西、南北路口均显示红灯状态。

(3) 特殊状态解除后能继续计数。

4. 能实现总体清零功能。

按键 2 按下后系统实现总清零,计数器由初始状态计数,对应状态的指示灯亮。

5. 用层次化设计方法设计该电路,编写各个功能模块的程序。

6. 仿真各功能模块,通过观察有关波形确认电路设计是否正确。

7. 完成电路设计后,通过在实验系统中下载,验证设计的正确性。

二、设计说明与提示

计数值与交通灯的亮灭关系如图 4.7 所示。

设东西和南北方向的车流量大致相同,因此红灯、黄灯、绿灯的时长也相同,定为红灯 45 秒、黄灯 5 秒、绿灯 40 秒,同时用数码管指示当前状态(红、黄、绿)剩余时间。另外,设计一个紧急状态,当紧急状态出现时,两个方向都禁止通行,指示红灯;紧急状态解除后,重新计数并指示时间。

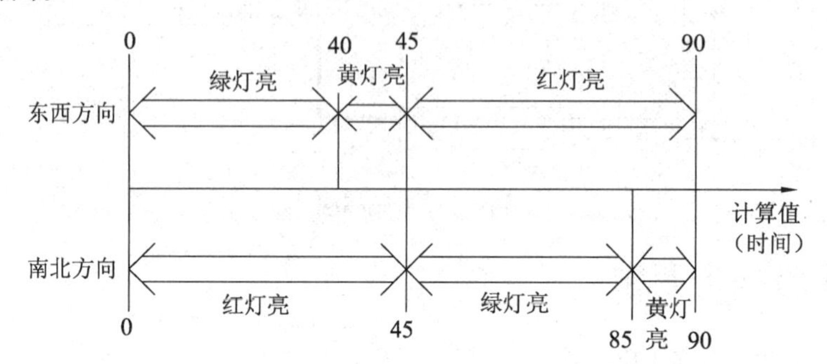

图 4.7　计数值与交通灯的亮灭关系

三、实验报告要求

1. 分析系统的工作原理。
2. 画出交通灯控制器原理图。
3. 叙述各模块的工作原理,写出各功能模块的源程序。
4. 仿真各功能模块,画出仿真波形。
5. 书写实验报告应结构合理、层次分明。

4.6　密码锁设计

一、实验任务及要求

1. 安锁状态。

按下开关键 SETUP,密码设置灯亮时,方可进行密码设置操作。设置初始密码 0 ~ 9(或二进制 8 位数),必要时可以更换。再按 SETUP 键,密码有效。

2. 开锁过程。

(1) 按启动键(START)启动开锁程序,此时系统内部应处于初始状态。

(2) 依次键入 0 ~ 9(或二进制 8 位数)。

(3) 按开门键(OPEN)准备开门。

若按上述程序执行且拨号正确,则开门指示灯 A 亮;若按错密码或未按上述程序执行,则按动开门键 OPEN 后,警报装置鸣叫,灯 B 亮。

(4) 开锁处理事务完毕后,应将门关上,按 SETUP 键使系统重新进入安锁状态。若在报警状态,按 SETUP 键或 START 键应不起作用,应另用一按键 RESET 才能使系统进入安

锁状态。

3. 使用者如按错号码可在按 OPEN 键之前,按 START 键重新启动开锁程序。

4. 设计符合上述功能的密码锁,并用层次化方法设计该电路。

5. 用功能仿真方法验证,通过观察有关波形确认电路设计是否正确。

6. 完成电路设计后,通过在实验系统中下载,验证设计的正确性。

二、设计说明与提示

系统原理如图 4.8 所示。

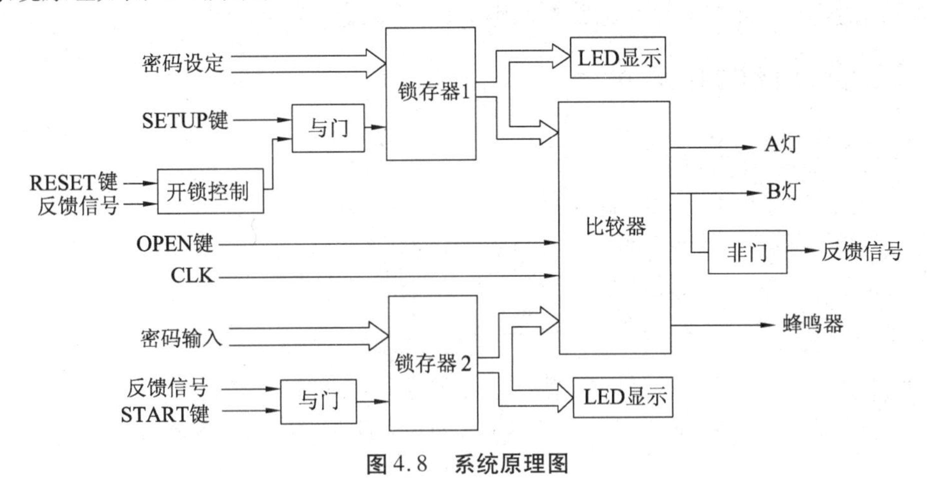

图 4.8　系统原理图

1. 锁存器:用于实现设定密码和输入密码的锁存。

2. 比较器:用于将设定密码与输入密码相比较。其中,CLK 为外部输入的时钟信号。若输入密码正确,则 A 灯亮,否则 B 灯亮,同时比较器输出与 CLK 一样的信号,驱动蜂鸣器发出报警声。

3. 开锁控制:当反馈信号下降沿来到时,开锁控制输出低电平,用于在输入错误密码后禁止再次安锁;当 RESET 脚为高电平时,开锁控制输出高电平,打开与门,这时锁存器 1 使能端的变化受控于 SETUP 键,重新进入安锁状态。

4. LED 显示:用于设定密码或输入密码的显示。此项设计的目的是在下载演示时,能清楚地看到设置和输入的密码值。该项可不做。

三、实验报告要求

1. 分析系统的工作原理。

2. 画出顶层原理图,写出顶层文件源程序。

3. 写出各功能模块的源程序。

4. 仿真各功能模块,画出仿真波形。

5. 书写实验报告应结构合理、层次分明。

4.7 数控脉宽可调信号发生器设计

一、实验任务及要求

1. 实现脉冲宽度可数字调节的信号发生器。
2. 用层次化设计方法设计该电路,编写各个功能模块的程序。
3. 仿真各功能模块,通过观察有关波形确认电路设计是否正确。
4. 完成电路设计后,通过在实验系统中下载,验证设计的正确性。

二、设计说明与提示

系统框图如图4.9所示。

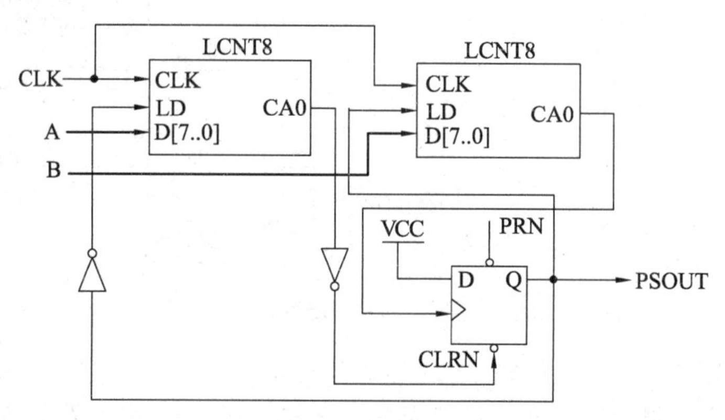

图4.9 系统框图

1. 信号发生器由两个完全相同的可自加载加法计数器LCNT8组成,输出信号的高低电平脉宽分别由两组8位可预置数加法计数器控制。
2. 加法计数器的溢出信号为本计数器的预置数的加载信号LD。
3. D触发器的一个重要功能就是均匀输出信号的占空比。
4. A、B为8位预置数。

三、实验报告要求

1. 分析系统的工作原理。
2. 画出顶层原理图,写出顶层文件源程序。
3. 写出各功能模块的源程序。
4. 仿真各功能模块,画出仿真波形。
5. 书写实验报告应结构合理、层次分明。

4.8　出租车计费器设计

一、实验任务及要求

1. 实现计费功能,计费标准为:

按行驶里程收费,起步费为 10.00 元,并在车行 3 km 后再按 1.8 元/km 收费,当计数里程达到或超过 5 km 时,按 2.7 元/km 计费,车停止不计费。

2. 设计动态扫描电路,能显示公里数(百位、十位、个位、十分位),能显示车费(百元、十元、元、角)。

3. 设计符合上述功能要求的方案,并用层次化设计方法设计该电路。

4. 仿真各个功能模块,并通过有关波形确认电路设计是否正确。

5. 完成电路全部设计后,通过在系统实验箱中下载,验证设计的正确性。

二、设计说明与提示

系统框图如图 4.10 所示。其中,PULSE2 为十分频的分频器,COUNTER 为计费模块,COUNTER2 为里程计算模块,SCAN_LED 为计费显示模块,SCAN_LED2 为里程显示模块,SOUT 为计程车状态控制模块。

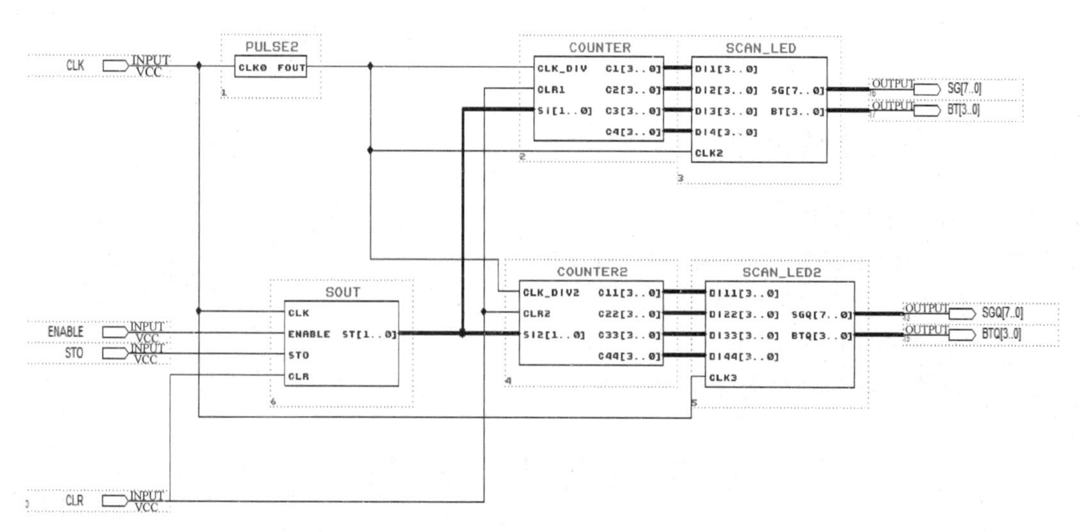

图 4.10　系统框图

三、实验报告要求

1. 分析系统的工作原理。

2. 画出顶层原理图,写出顶层文件源程序。

3. 写出各功能模块的源程序。

4. 仿真各功能模块,画出仿真波形。

5. 书写实验报告应结构合理、层次分明。

4.9 万年历设计

一、实验任务及要求

1. 能进行正常的年、月、日和时、分、秒的日期及时间计时功能，按键 KEY1 用来进行模式切换，当 KEY1 =1 时，显示年、月、日；当 KEY1 =0 时，显示时、分、秒。

2. 能利用实验系统上的按键实现年、月、日和时、分、秒的校对功能。

3. 用层次化设计方法设计该电路，编写各个功能模块的程序。

4. 仿真报时功能，通过观察有关波形确认电路设计是否正确。

5. 完成电路设计后，通过在实验系统中下载，验证设计的正确性。

二、设计说明与提示

万年历的设计思路可参考 4.3 节多功能数字钟设计。图 4.11 为万年历的显示格式。

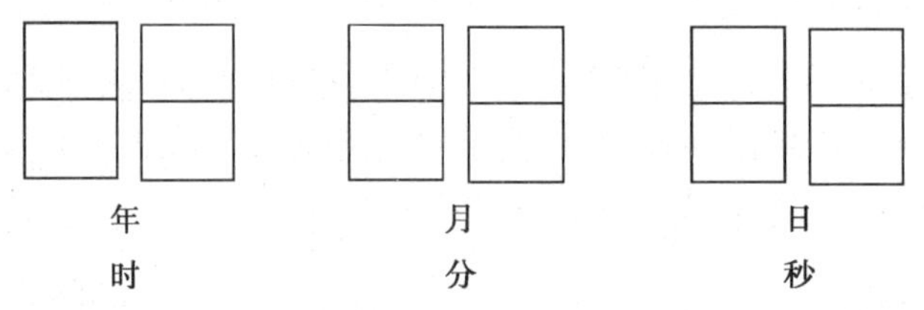

年　　月　　日

时　　分　　秒

图 4.11　万年历的显示格式

三、实验报告要求

1. 分析系统的工作原理。

2. 画出顶层原理图，写出顶层文件源程序。

3. 写出各功能模块的源程序。

4. 仿真各功能模块，画出仿真波形。

5. 书写实验报告应结构合理、层次分明。

4.10 数字电压表设计

一、实验任务及要求

1. 通过 A/D 转换器 ADC0809 或 ADC0804 将输入的 0 ~5 V 的模拟电压转换为相应的数字量，然后通过进制转换在数码管上进行显示。

2. 要求被测电压的分辨率为 0.02。

3. 设计符合上述功能的方案，并用层次化方法设计该电路。

4. 功能仿真，通过观察有关波形确认电路设计是否正确。

5. 完成电路设计后，通过在实验系统中下载，验证设计的正确性。

二、设计说明与提示

与微处理器或单片机相比,CPLD/FPGA 更适用于直接对高速 A/D 器件的采样控制。例如,数字图像或数字信号处理系统前向通道的控制系统设计。

本实验设计的接口器件选为 ADC0809,也可为 AD574A 或者 ADC0804。利用 CPLD 或 FPGA 目标器件设计一采样控制器,按照正确的工作时序控制 ADC0809 或 ADC0804 的工作。以 ADC0809 为例,其系统框图如图 4.12 所示。

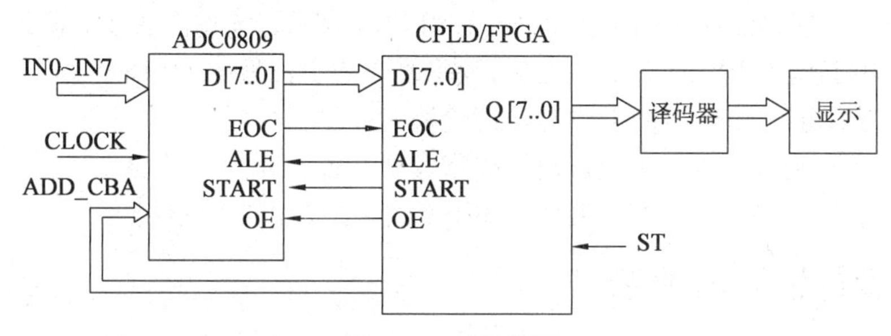

图 4.12　系统框图

图 4.12 中 ADC0809 为单极性输入、8 位转换精度、逐次逼近式 A/D 转换器,其采样速度为每次转换约 100 μs。IN0 ~ IN7 为 8 路模拟信号输入通道;由 ADDA、ADDB 和 ADDC(ADDC 为最高位)作为此 8 路通道选择地址,在转换开始前由地址锁存允许信号 ALE 将此 3 位地址锁入锁存器中,以确定转换信号通道;EOC 为转换结束状态信号,由低电平转为高电平时指示转换结束,低电平指示正在转换;START 为转换启动信号,上升沿启动;OE 为数据输出允许,高电平有效;CLK 为 ADC 转换时钟(500 kHz 左右)。为了达到 A/D 器件的最高转换速度,A/D 转换控制器必须包含监测 EOC 信号的逻辑,一旦 EOC 从低电平变为高电平,即可将 OE 置为高电平,然后传送或显示已转换好的数据 D[7..0]。

CPLD 为采样控制器,其中 D[7..0]为 ADC0809 转换结束后的输出数据,Q[7..0]通过七段译码器由数码管显示出来;ST 为采样控制时钟信号,ALE 和 START 分别是通道选择地址锁存信号和转换启动信号;变换数据输出使能 OE 由 EOC 取反后控制。本项设计由于通过监测 EOC 信号,可以达到 ADC0809 最快的采样速度,所以只要目标器件的速度允许,ST 可接受任何高的采样控制频率。

三、实验报告要求

1. 理解 A/D 转换器的工作原理和方式。
2. 画出 A/D 转换器的工作时序图。
3. 分析采样控制器的工作原理,写出采样控制模块的程序。
4. 写出码制转换模块,把采集的数据转换为 BCD 码,经译码器译码后通过 LED 进行显示。
5. 仿真各功能模块,画出仿真波形。
6. 书写实验报告应结构合理、层次分明。

4.11 波形发生器设计

一、实验任务及要求

1. 通过 D/A 转换器 DAC0832 输出三角波、方波、正弦波、锯齿波。
2. 要求波形数据存放在 CPLD 片内 RAM 中,从 RAM 中读出数据进行显示。
3. 按键 A 为模式设置,用于波形改变,并用 LED 显示目前输出的波形模式 1、2、3、4。
4. 按键 B、按键 C 用来改变频率变化,频率改变的步长为 ±100 Hz。
5. 分析逻辑电路的工作原理,编写功能模块的程序。
6. 功能仿真,通过观察有关波形确认电路设计是否正确。
7. 完成电路设计后,通过在实验系统中下载,验证设计的正确性。

二、设计说明与提示

在数字信号处理、语音信号的 D/A 变换、信号发生器等实用电路中,PLD 器件与 D/A 转换器的接口设计是十分重要的。本项实验设计的接口器件是 DAC0832,这是一个 8 位 D/A转换器,转换周期为 1 μs,它的 8 位待转换数据 data 来自 CPLD 目标芯片,其参考电压与 +5 V 工作电压相接。系统框图如图 4.13 所示。

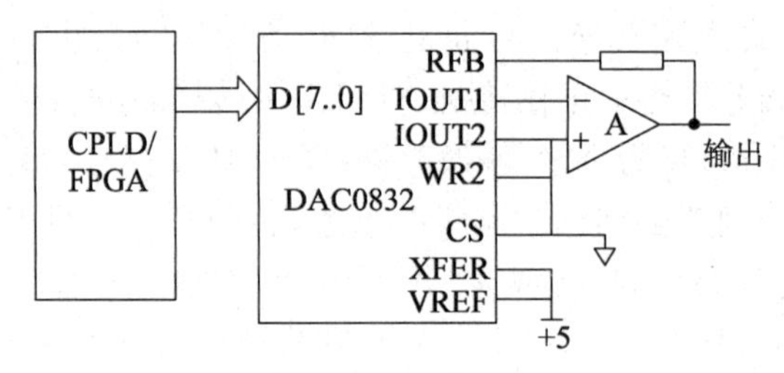

图 4.13　系统框图

引脚功能简述如下:

ILE(PIN19):数据锁存允许信号,高电平有效,系统板上已直接连在 +5 V 上;

/WR1、/WR2(PIN2、18):写信号 1、2,低电平有效;

/XFER(PIN17):数据传送控制信号,低电平有效;

VREF(PIN8):基准电压,可正可负, -10 ~ +10 V;

RFB(PIN9):反馈电阻端;

IOUT1/IOUT2(PIN11、12):电流输出 1 和 2,DAC0832 D/A 转换量是以电流形式输出的,所以必须利用一个运放,将电流信号变为电压信号;

GND/DGND(PIN3、10):模拟地与数字地,在高速情况下,此二地的连接线必须尽可能短,且系统的单点接地点须接在此连线的某一点上。

三、实验报告要求

1. 理解 D/A 转换器的工作原理和方式。

2. 画出系统工作原理图。
3. 写出各功能模块的源程序。
4. 仿真各功能模块,画出仿真波形。
5. 书写实验报告应结构合理、层次分明。

4.12　自动售货机控制电路设计

一、实验任务及要求

本设计要求使用 VHDL 设计一个自动售货机控制系统,该系统能够自动完成对货物信息的存取、进程控制、硬币处理、余额计算与显示等功能。

1. 自动售货机可以出售两种以上的商品,每种商品的数量和单价由设计者在初始化时输入设定并存储在存储器中。

2. 可接收 5 角和 1 元硬币,并通过按键进行商品选择。

3. 系统可以根据用户输入的硬币进行如下操作:

(1) 当所投硬币总值等于购买者所选商品的售价总额时,根据顾客的要求自动售货且不找零,然后回到等待售货状态,并显示商品当前的库存信息。

(2) 当所投硬币总值超过购买者所选商品的售价总额时,根据顾客的要求自动售货并找回剩余的硬币,然后回到等待售货状态,并显示商品当前的库存信息。

(3) 当所投硬币不够时,给出相应提示,并可以通过一个按键退回所投硬币,然后回到等待售货状态,并显示商品当前的库存信息。

二、设计说明与提示

系统结构图如图 4.14 所示。

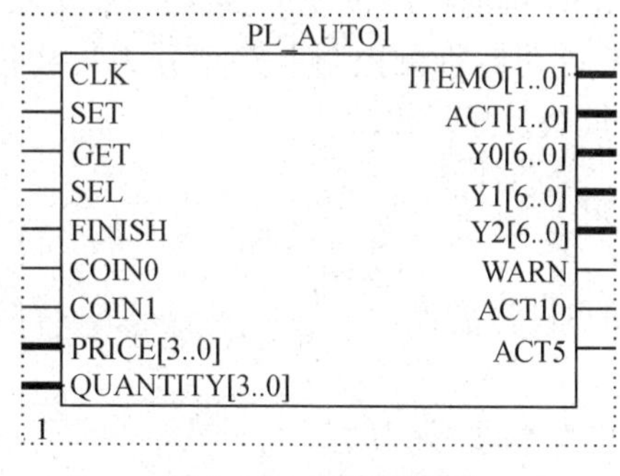

图 4.14　系统结构图

其中,输入端口为

CIK:输入时钟脉冲信号;

SET:货物信息存储信号;

GET:购买信号;

SEL:货物选择信号;

FINISH:结束当前交易信号;

COIN0:投入5角硬币;

COIN1:投入1元硬币;

PRICE[3..0]:商品的单价;

QUANTITY[3..0]:商品的数量。

输出端口为

ITEM0[1..0]:所选商品的种类;

ACT[1..0]:成功购买商品的种类;

Y0[6..0]:投入硬币的总数;

Y1[6..0]:所购买商品的数量;

Y2[6..0]:所购买商品的单价;

WARN:钱数不足的提示信号;

ACT10:找回1元硬币的数量;

ACT5:找回5角硬币的数量。

设计流程:

1. 预先将自动售货机里每种商品的数量和单价通过SET键置入内部RAM里,并在数码管上显示出来。

2. 顾客通过COIN0和COIN1键模拟投入5角硬币和1元硬币,然后通过SEL键对所需购买的商品进行选择,选定后通过GET键进行购买,再按FINISH键取回找币,同时结束此次交易。

3. 按GET键时,如果投入的钱数等于或大于所要购买商品的售价总额,则自动售货机会给出所购买的商品,并找回剩余钱币;如果钱数不够,则自动售货机给出警告,并继续等待顾客的下一次操作。

4. 顾客的下一次操作可以继续投币,直到钱数总额达到所要购买商品的售价总额时继续进行购买,也可直接按FINISH键退还所投硬币,结束当前交易。

通过对系统的分析,可将自动售货机控制电路划分为货物信息存储模块、进程控制模块、硬币处理模块、余额计算模块及显示模块。

三、实验报告要求

1. 分析系统的工作原理与设计流程。
2. 写出各模块的源程序。
3. 仿真各功能模块,画出仿真波形。
4. 写出通过在实验箱中下载验证的过程。
5. 书写实验报告应结构合理、层次分明。

4.13　电梯控制器电路设计

一、实验任务及要求

基于 VHDL 设计一个 4 层电梯控制器电路。具体要求如下：

1. 每层电梯入口处设有上下请求开关，电梯内设有乘客将到达楼层的选择按钮。

2. 设置电梯所在楼层、运行方向、暂停状态的指示。

3. 当电梯到达有停站请求的楼层后，门打开，延迟一定时间后，门关闭，再延迟一定时间，门关闭好，电梯可以运行，开关门过程中能够响应提前关闭电梯门和延迟关闭电梯门的请求。

4. 记忆电梯内外的所有请求信号，电梯的运行遵循方向优先的原则，按照电梯运行规则依次响应有效请求，每个请求信号保留至执行完成后消除。

5. 无请求时电梯停在 1 层待命。

二、设计说明与提示

系统的结构图如图 4.15 所示，电梯控制器由 5 个模块组成。

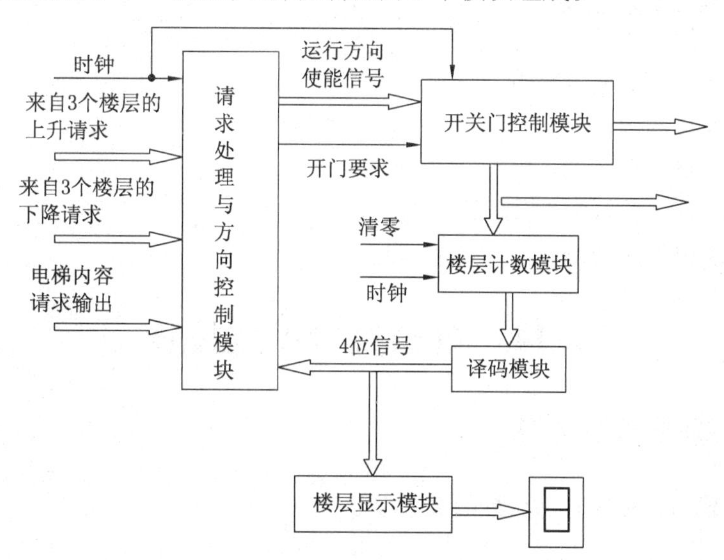

图 4.15　电梯控制器系统结构图

1. 请求处理与方向控制模块。

该模块能够对来自各层的电梯内外的请求信号进行检测、寄存、处理与清除；能够正确判断电梯的运行方向，且符合电梯的运行规则（在上升过程中只响应比当前层高的楼层的请求，在下降过程中只响应比当前层低的楼层的请求）；当某层为乘客的目标层，或在该层有符合运行规则的上升或下降的请求时，能输出开门请求信号；各层均无请求时，若当前位置为 1 层，则输出暂停信号，否则输出下降信号，直至到达 1 层。

2. 开关门控制模块。

该模块能够接收来自请求处理与方向控制模块的开门请求并输出开门信号；能够在开关门过程中响应来自外部的关门延时和提前关门的请求；能判断电梯门关闭后的运行方向，这个方向信号作为电梯运行方向的指示输出，同时也作为楼层计数模块的输入，开关门期间，输出暂停信号；在没有关门延时请求和提前关门请求时，该模块响应开门请求后，输出开门信号，经过一定延迟时间，输出关门信号，再经过一定延迟时间门关闭好。

3. 楼层计数模块。

该模块在电梯运行过程中对电梯所在的楼层进行计数，并用3位二进制数输出当前楼层的值；设有清零信号，清零时，电梯所在楼层为1层；在开关门控制模块输出的运行状态为上升的情况下，每过一定时间进行加1计数，在运行状态为下降的情况下，每过一定时间进行减1计数。

4. 译码模块。

该模块采用二进制译码原理将一组2位二进制代码译成对应输出端的高电平信号(一个4位二进制代码)。

5. 楼层显示模块。

该模块可用数码管直观地显示楼层数据。

三、实验报告要求

1. 分析系统的工作原理与设计流程。
2. 写出各模块的源程序，并完成顶层电路的设计。
3. 仿真各功能模块及顶层电路，画出仿真波形。
4. 写出通过在实验箱中下载验证的过程。
5. 书写实验报告应结构合理、层次分明。

4.14 自动打铃系统设计

一、实验任务及要求

1. 用6个数码管实现时、分、秒的数字显示。
2. 能设置当前时间。
3. 能实现上课铃、下课铃、起床铃、熄灯铃的打铃功能。
4. 能实现整点报时功能，并能控制启动和关闭。
5. 能实现调整打铃时间和间歇长短的功能。
6. 能利用扬声器实现播放打铃音乐的功能。

二、设计说明与提示

根据设计要求，可以将自动打铃系统划分为以下几个模块。

1. 状态机：系统有多种显示模式，设计中将每种模式当成一种状态，采用状态机来进行

模式切换，将其作为系统的中心控制模块。

2. 计时调时模块：用于完成基本的数字钟功能。

3. 打铃时间设定模块：系统中要求打铃时间可调，此部分功能相对独立，单独用一个模块实现。

4. 打铃长度设定模块：用以设定打铃时间的长短。

5. 显示控制模块：根据当前时间和打铃时间等信息决定当前显示的内容。

6. 打铃控制模块：用于控制铃声音乐的输出。

7. 分频模块、分位模块、七段数码管译码模块等。

以上各模块可用图 4.16 表示其间的联系。

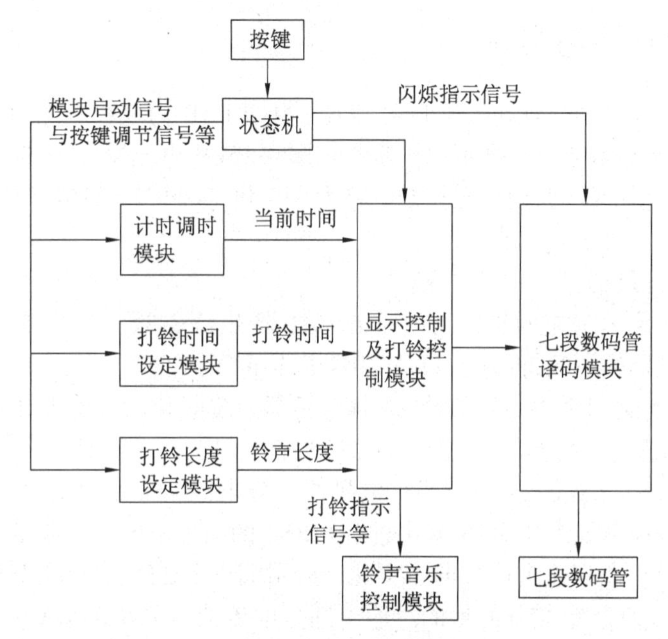

图 4.16　**自动打铃系统框图**

三、实验报告要求

1. 分析系统的工作原理。
2. 画出状态转移图。
3. 画出各部分的详细功能框图。
4. 写出各功能模块的源程序。
5. 仿真功能模块，画出仿真波形图。
6. 书写实验报告应结构合理、层次分明。

4.15 步进电机细分驱动控制电路设计

一、实验任务及要求

1. 查阅步进电机驱动时序及细分原理的详细资料。
2. 用 FPGA 实现步进电机的基本控制时序。
3. 用 FPGA 实现步进电机的细分控制时序。
4. 实现步进电机正反转、停止、加减速的控制功能。

二、设计说明与提示

本设计中步进电机细分驱动可以利用 FPGA 中的 EAB 构成存放电机各相电流所需的控制波形数据表,利用数字比较器可以同步产生多路 PWM 电流波形,无须外接 D/A 转换器对步进电机进行灵活的控制,使外围控制电路大大简化,控制方式简洁,控制精度高,控制效果好。

在设计中主要可以分为如下几个模块。

1. PWM 计数器:在脉宽时钟作用下递增计数,产生阶梯形上升的周期性锯齿波,同时加载到各数字比较器的一端,将整个 PWM 周期若干等分。

2. 波形 ROM 地址计数器:是一个可加/减计数器。波形 ROM 的地址由地址计数器产生。通过对地址计数器进行控制,可以改变步进电机的旋转方向、转动速度、工作/停止状态。

3. PWM 波形 ROM 存储器:根据步进电机八细分电流波形的要求,将各个时刻细分电流波形所对应的数值存放于波形 ROM 中,波形 ROM 的地址由地址计数器产生。PWM 信号随 ROM 数据而变化,改变输出信号的占空比,达到限流及细分控制,最终使电机绕组呈现阶梯形变化,从而实现步距细分的目的。输出细分电流信号采用 FPGA 中 LPM_ROM 查表法,通过在不同地址单元内写入不同的 PWM 数据,用地址选择来实现不同通电方式下的可变步距细分。

4. 数字比较器:从 LPM_ROM 输出的数据加在比较器的 A 端,PWM 计数器的计数值加在比较器的 B 端。当计数值小于 ROM 数据时,比较器输出低电平;当计数值大于 ROM 数据时,比较器则输出高电平。由此可输出周期性的 PWM 波形。如果改变 ROM 中的数据,就可以改变一个计数周期中高低电平的比例。

在顶层文件中将上述几个模块连接在一起实现实验要求的功能。

三、实验报告要求

1. 分析系统的工作原理。
2. 画出各部分的详细功能框图。
3. 写出各功能模块的源程序。
4. 仿真功能模块,画出仿真波形图。
5. 书写实验报告应结构合理、层次分明。

附录 1　KX_DN EDA 系统使用说明

KX_DN EDA 实验系统由主板和实验模块构成,主板上有许多标准接口,对于不同的实验项目,可接插不同的实验模块,构成不同配置的开发系统,如 GPS 模块、彩色液晶模块、USB 模块、各类 ADC/DAC 模块等。主板上每一模块接口基本相同,因此多数模块可以安插在系统上的任一插座上,十分灵活。

1.1　主板结构与使用方法

KX_DN 主板结构如附图 1.1 所示,主要由 9 个实验模块 A 区和 3 个实验模块 B 区及其他器件构成。实验模块 A 区配有 A 类插座,每套含两个 26 针;实验模块 B 区配有 B 类插座,每套含两个 10 针。下面对主板功能块逐一进行说明。

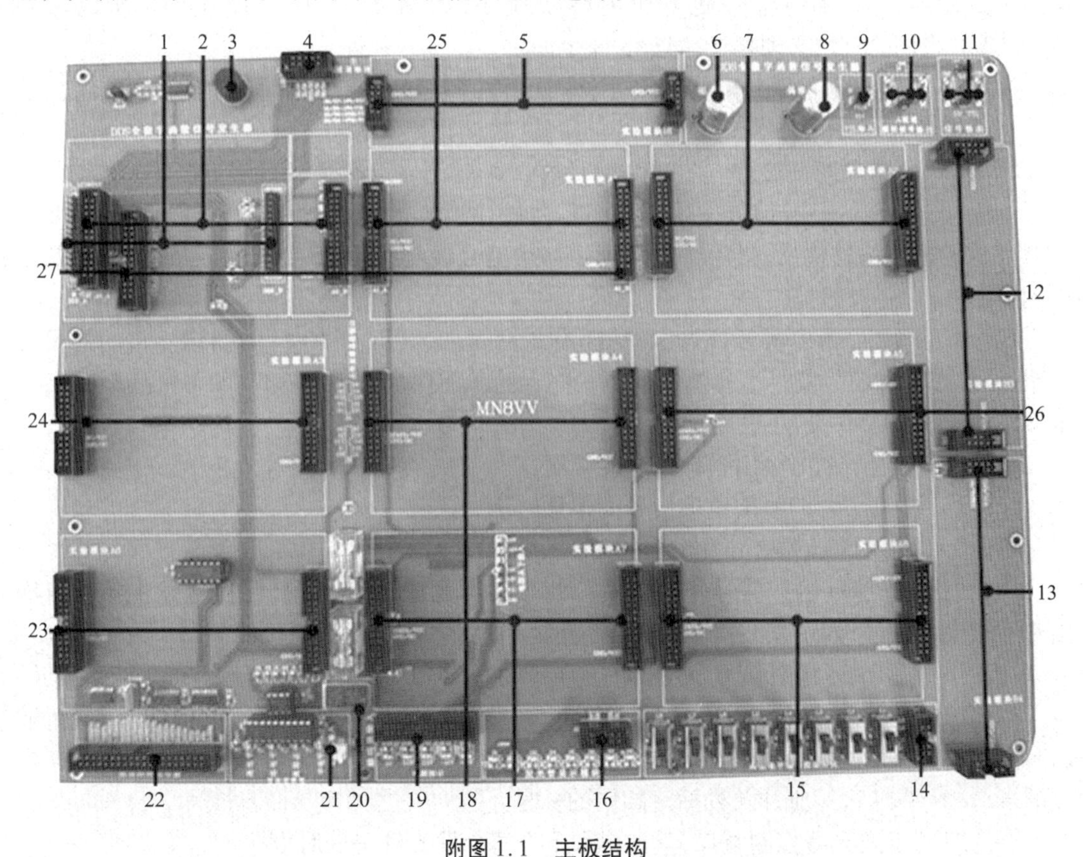

附图 1.1　主板结构

标注“1”:此插座用来专门插 DDS 模块,和 A9 座靠近,二者同时只能用其一,具体 DDS

功能请参考 DDS 模块说明。

标注“2、7、15、17、18、23、24、25、26”为 A 类插座，每套含两个 26 针。A 类插座的尺寸大小、结构布置和信号安排大致相同。所以以下所述的多数实验功能模块可以随意插在这 9 套插座中任何一个上，这为实验系统的灵活构建奠定了基础。

但这 9 套插座的信号配置稍有不同，所以对于不同的实验模块，以及不同的实验需求，应该具体考虑实验模块所插的位置。它们的异同主要表现为以下方面：

相同处：在相同的信号脚上都含有 GND 和工作电源 VCC(+5 V)。

不同处：第一个不同是时钟信号的布置。含有 20 MHz 信号的插座有 1 个，即 A4 插座。有的功能模块上需要此频率的时钟信号，如 FPGA 模块和单片机模块等，通过 A4 插座的一个针脚可以向其他模块输送 20 MHz 频率。含有 10 MHz 信号的插座有 3 个，即 A5、A7、A8 插座。实验中插功能模块时，也要根据模块的具体情况来确定实验模块插在哪里最合适。例如，A8 上插含有 ADC0809 的模块最合适，因为 ADC0809 需要一个 500 kHz 的工作时钟，当然也可利用 FPGA 的锁相环给出的时钟。注意：在插座上安排的时钟，通常与特定实验模块中对应的插针吻合，具体的模块上会有说明。

第二个不同是 +/ -12 V 电压的设置。为了防止由于意外差错(尽管每一模块已经有防插反措施)造成器件烧毁，所以只有插座 A5、A8 设置了 +/ -12 V 电压。设置此电压的插座主要是为了供某些需要此电压的模块使用，如 A/D 和 D/A 模块等。所以需要 +/ -12 V 高压的模块必须插于 A5、A8 座上。

注意：通常，推荐插座 A3 上插 20(字) ×4(行)字符型液晶，插座 A6 上插 4 ×4 键盘，这样有利于板上的 DDS。

标注“3”是扬声器，通过标注“20”接口输入，可实现对其控制。

标注“4”是 DDS 函数信号发生器模拟信号输出通道的 B 通道的信号口。如果需要得到 B 通道的模拟信号输出，必须将此 B 通道口用信号线与某一 DAC 的输入接口相连，然后得到输出信号。

标注“5、12、13”为 B 类插座，此类插座有 3 套，每套含两个 10 针的插座。它们的尺寸大小、结构布置和信号安排也基本相同。一些实验功能模块必须插在此类插座上。注意：其中 B4 插座除有 GND 和 VCC 外，还有 10 MHz 时钟信号。

标注“6”是用于调谐输出模拟信号的幅度。

标注“8”是用于调谐输出模拟信号的偏移电平。

标注“9”是 DDS 函数信号发生器的 TTL 信号输入口。

标注“10”是 DDS 函数信号发生器模拟信号输出通道的 A 通道，此信号发生器可以输出双通道模拟信号，如正弦波信号等，幅度最大 +/ -10 V，可通过电位器调谐。

标注“11”是 DDS 函数信号发生器的 TTL 信号输出口。

标注“14”是 8 个上下拨动开关输出端，用于为实验提供高低电平。开关向上拨时，输出高电平；开关向下拨时，则输出低电平。输出电平从右侧的 J7 端口 10 针口输出，此口标注的端口标号如 L1，对应开关处标注相同的标号。

标注“16”是发光管控制端口，其标识和下方每个发光管一一对应。

标注“19”是电源输出端，标准电压源有 4 个，即 2.5 V、3.3 V、5 V、+/ -12 V。除了以上模块插座上安排了某些电源外，还在主板的下方设置了这四个电压源的插口，以便在必要

时用插线引出。这四个电源中，2.5 V、3.3 V、5 V来自开关电源，此电源含短路保护；而+/-12 V来自单独的电源，其两个保护熔丝设于实验平台的下侧。

标注“20”是上方扬声器的控制端口，通过这个端口可对扬声器进行控制。

标注“21”是多功能逻辑笔测试端口，用于测试实验系统上的电平情况。此笔的信号输入口是J4的任何一端口，可测试高电平、低电平、高阻态、中电平（电压在1.5 V到3.1 V之间，这是一个不稳定电平）、脉冲信号。

标注“22”含0.5 Hz至20 MHz多个标准频率，可通过插线将这里的时钟信号引到需要的实验模块中。诸如频率计设计、特定的功能模块设计都会用到这些标准频率信号。

标注“27”是彩色液晶专用插座，左插标“COLOR LCD PORT1”，右插标“A1_B”或“COLOR LCD PORT2”。

注意：模块板插到主系统各个插座上时，一定要确保未插反或错位，否则会因为电源位置不对，特别是高压+/-12 V而烧坏器件。为了防止插反或错位，在每组插座的左边内侧从上至下第六根针是故意拔掉的，但不能保证一定不会插反或错位。

1.2　实验模块介绍

本节主要介绍KX_DN系统配套的主要实验模块。这些模块可以是系统的配套模块，也可以是定购模块，或是根据此系统的接插口及开发项目的需要，自己设计出来的模块。这些模块有一个共同特点，即它们可以插于KX_DN主板上组合成设计系统，也可以脱离实验主板构成独立的模块和模块组合。

模块与模块之间采用十芯线连接。为了用户使用简便，每个模块的控制及数据端口全部外引，大多数是十芯座为一组，所有模块都标准化，每个十芯座有10根针，中间的两根针分别是“VCC”和“GND”，其他8根针用来作引脚号，全部在旁边标出。用户在使用时，用十芯线连接，根据每根针所在的位置一一对应锁定引脚号即可。

一、大规模FPGA模块

FPGA模块是KX_DN系统配套的核心模块之一，采用Altera公司推出的Cyclone Ⅲ FPGA作为实验目标器件，型号是EP3C55F48417N。该模块含FPGA所需的电压源，包括1.2 V、2.5 V、3.3 V。仅5 V电源需要从外部得到。如果将此板插于KX_DN EDA主板上，可从主板上得到5 V电源；如果将此板作为一个独立系统，则只需提供5 V电源即可，而在此板的任何一个十芯座都有电源输入端。FPGA模块结构如附图1.2所示，FPGA模块的引脚如附图1.3所示，标注说明如下。

标注“1”是JTAG口，通过此口可对FPGA编程下载。通过USB下载器，可采用sof和jic对FPGA编程下载。

标注“2”是FPGA的IO口，以单针形式引出，用户可用单线对外扩展连接。

标注“3”是串行FLASH W25016。

标注“4”是专用时钟输入脚。

标注“5、6、8、9、13、17、20、24”是十芯座FPGA的IO口的引脚，中间是GND、VCC脚。若此板独立使用，可作为5 V电源输入端，统一标准，可利用十芯线连接扩展板。

标注“7”是输入单脉冲按键,可作为复位及输入信号使用。

标注“10”是 FLASH K9K8G08U0M。

标注“11”是字符液晶的接口,单独使用时可把字符液晶直接插在此座上。

标注“12”是 LED 发光二极管,共 3 个,高电平时点亮。

标注“14”是 4 位拨码开关,向左拨是向 FPGA 输入高电平,向右拨是输入低电平。

标注“15”是有源时钟输入,引脚号 G21 可作为锁相环输入使用,边上的 G22 是专用锁相环外围时钟输入端。

标注“16”是 USB 电源输入端。若此板独立使用,可利用 USB 线提供电源;若电压不够,需从另外的口输入电源,比如十芯座中间的脚。

标注“18”是点阵液晶对比度调节电位器。

标注“19”是 128 ×64 点阵液晶的接插口。当此板单独使用时,可插此液晶。

标注“21”是 32M 的 SDRAM,型号为 HY57V561620。

标注“22”是专用时钟输入端 B12 脚。

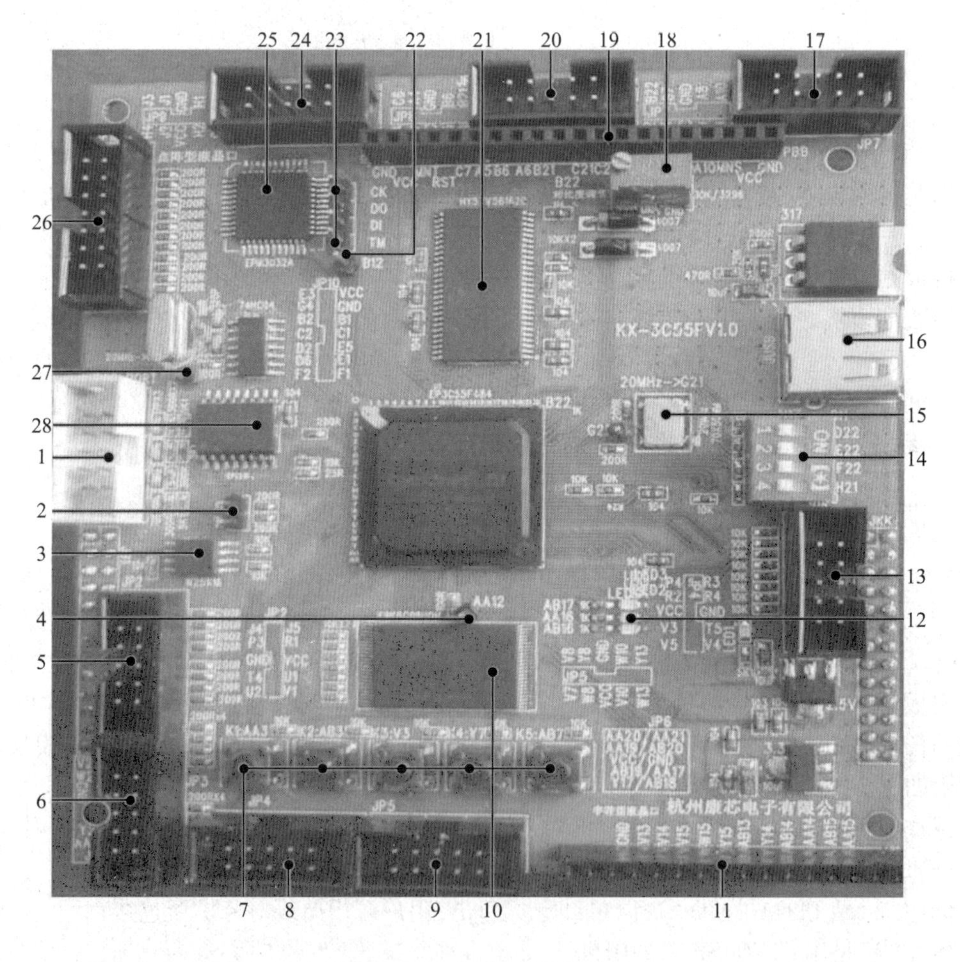

附图 1.2　FPGA 模块结构

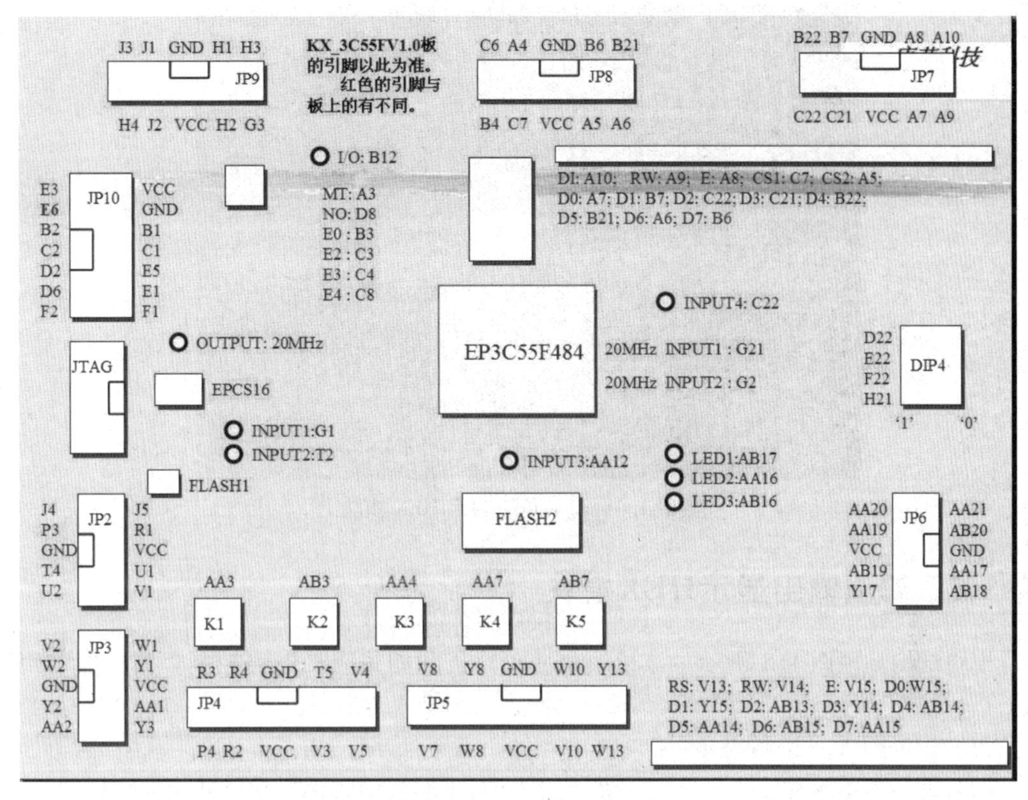

附图1.3 FPGA模块的引脚

标注“23”是CPLD EPM3032A的编程端口。注意:一般不要编程,否则会有文件丢失,将无法运行8051/8088。

标注“25”是CPLD EPM3032A。注意:若运行8051或8088时,其中“MT/NO/POE0/POE2/POE3/POE4”都要与FPGA相接,否则将无法运行。

标注“26”是十四芯口形式,和十芯口有所区别,此口是专门连接彩色液晶座的十四芯口。

标注“27”是无源时钟锁相环专用时钟G2的输出端,通过此端可向外输出经过锁相环的时钟。

标注“28”是掉电保护16MFLASH EPCS16,在此板上可采用间接编程方式烧录此芯片,达到掉电保护功能。

二、32位输入显示HEX模块

模块结构如附图1.4所示,标注说明如下。

标注“1”共4个插座,每个插座提供2组4位二进制的输入端口,A、B、C、D为一组,上面对应的数码管显示16进制码,通过十芯线连接向外部提供信号。

标注“2”为复位键,输出显示归“0”,如CPU的单步运行、计数器对单脉冲的记录等。

附图 1.4　32 位输入显示 HEX 模块

三、32位输出显示HEX模块

模块结构如附图 1.5 所示。该模块由一单片机和相关驱动电路控制。其功能和用法如下：

（1）8 位 HEX16 进制码显示。

（2）无抖动单脉冲输出。在数字系统设计中，手动按键式无抖动脉冲经常会用到。

附图 1.5　32 位输出显示 HEX 模块

标注说明如下：

标注“1”共 4 个插座，每个插座提供 2 组 4 位二进制的输出端口，A、B、C、D 为一组，上面对应的数码管显示 16 进制码，通过十芯线连接向外部提供信号。

标注“2”为复位键，输出显示归“0”，如 CPU 的单步运行、计数器对单脉冲的记录等。

标注“3”为输入键，每个键输入 4 位二进制，从低到高渐进输入，经过译码电路输出 16 进制码数据在数码管上显示，并通过标注为“1”的端口输出对应的二进制信号。在数字系统设计中，手动按键式无抖动脉冲经常会用到，如 CPU 的输入信号，加法器、减法器等输入信号。

四、4×4十六键键盘模块

模块结构如附图 1.6 所示。此模块可作单片机实验键盘、FPGA 控制键盘,也可兼作 KX_DN 系统上的 DDS 函数信号发生器的控制键盘。此键盘上已标注每一键的功能。键盘输出端口的每一端口都含上拉电阻,作为 DDS 模块应插在 A6 座上。

标注“1”是该键盘的 8 根线扫描控制端口。若此模块作为 DDS 操作使用时,连接方式可参考 20×4 字符型液晶使用说明。

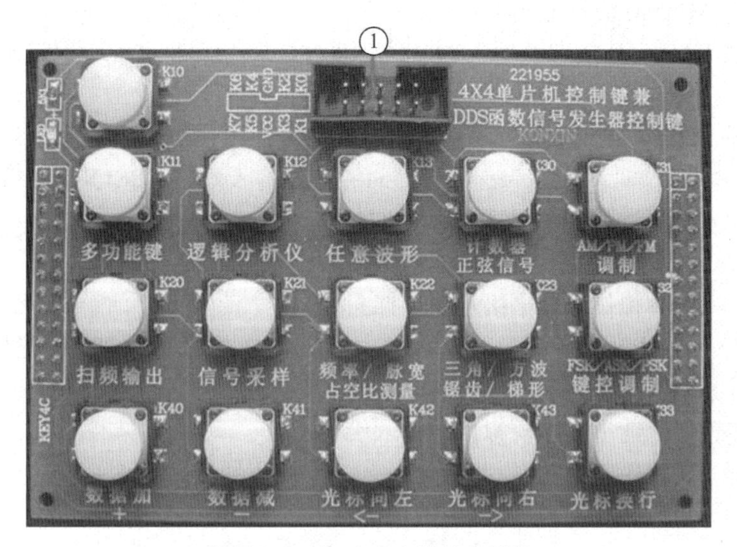

附图 1.6　4×4 十六键键盘模块

五、4×4+8单脉冲综合键盘模块

模块结构如附图 1.7 所示。此键盘是综合键盘,上面的黑色键盘采用 8 根线扫描方式接 16 个键,和 4×4 键盘的原理一样,下面 8 个白色键盘是独立的单脉冲键盘。

附图 1.7　4×4+8 单脉冲综合键盘模块

六、高速AD和双通道DA模块

模块结构如附图 1.8 所示。该模块是双通道高速并行 DAC/ADC 模块,包含最高转换频率 180 MHz 超高速 10 位 DAC(5651)双路、50 MHz 超高速 8 位 ADC(5540)一路、300 MHz 高速单运放 2 个。由于该模块速度很快,通常只适用于 FPGA 接口控制,不适合单片机时钟。

标注说明如下:

标注“1”是 AD5540 数据输出端口,共 8 位。

标注“2”是 DA5651B 通道的输入端口,共 10 位,其中 DB2—DA9 数据脚号在板的左上方标出。

标注“3”是 AD/DA 的时钟输入端口及 DA5651A 通道,在右上方标注的端口名 DA0/1 是 DA 低两位输入端。“ADCLK”表示 AD5540 时钟输入端,DABCLK 和 DAACLK 分别是 DA5651 时钟输入端。注意:此 AD 和 DA 的时钟是通过 FPGA 的 IO 口输入。

标注“4”是 DA5651A 通道的高 8 位输入端。

标注“5”是 DA 模拟信号输出接示波器探头端口。

标注“6”是 DA 运放的 +/-12 V 的输入端。如果此板独立使用,需从此端口输入 +/-12 V。注意:上端为 -12 V,下端为 +12 V。

标注“7”是 AD 以针形式的模拟信号输入端。

标注“8”是 AD 专用输入端,用此端口可减少干扰信号。

标注“9、10”是 DA 模拟信号幅度调谐点位器。

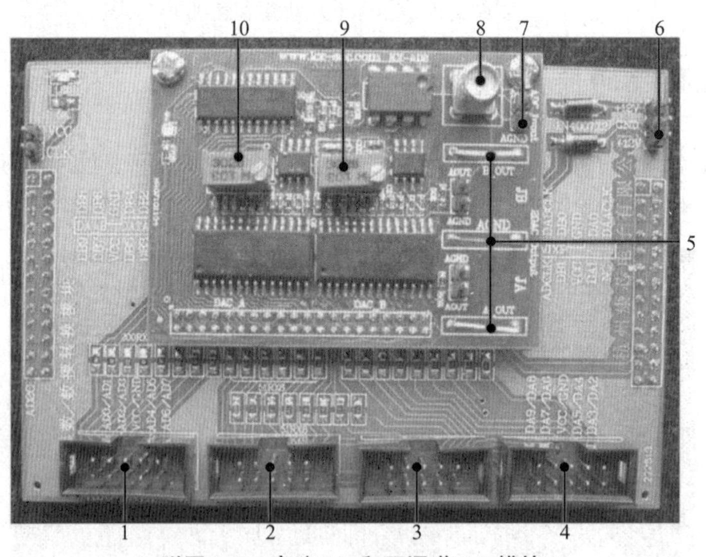

附图 1.8　高速 AD 和双通道 DA 模块

七、可重构型DDS函数信号发生器

模块结构如附图 1.9 所示。

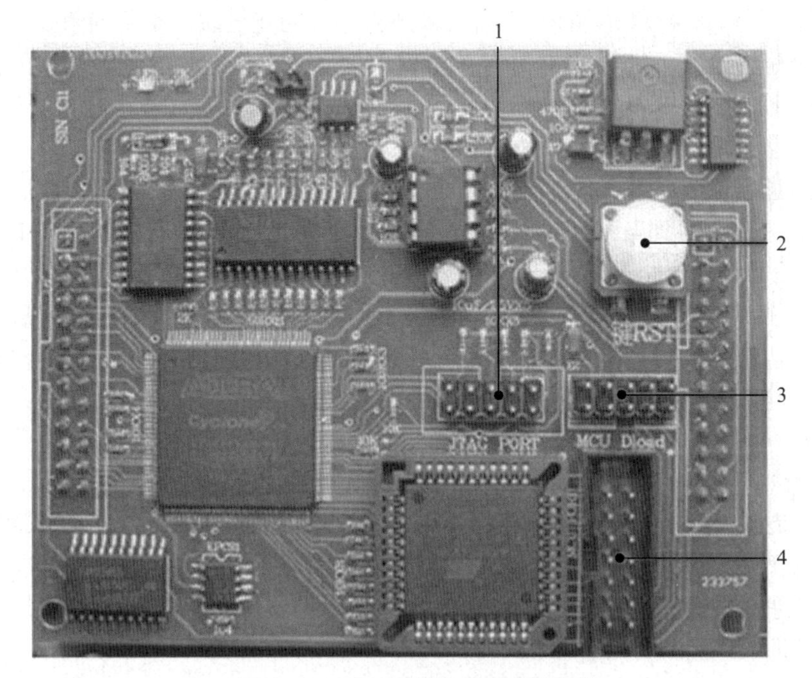

附图 1.9　DDS 函数信号发生器模块

KX_DN 系统配套的 DDS 函数信号发生器模块含 FPGA、单片机、超高速 DAC、高速运放等,既可作为 DDS 函数信号发生器,也可作为 EDA/DSP 系统及专业级 DDS 函数信号发生器的设计开发平台。作为 DDS 函数信号发生器的功能主要包括:等精度频率计,全程扫频信号源(扫速、步进频宽、扫描方式等可数控),移相信号发生器,里萨如图形信号发生器,方波、三角波、锯齿波和任意波形发生器,以及 AM、PM、FM、FSK、ASK、FPK 等各类调制信号发生器。

此信号发生器的模块插于主板的左上方。它必须结合插座 A3 上插的 20 ×4 字符型液晶和插座 A6 上插的 4 ×4 键盘使用,这是实验的辅助测试和信号系统。

可重构型 DDS 函数信号发生器使用了有别于传统模拟信号发生器和普通 DDS 函数信号发生器的理念。尽管普通 DDS 函数信号发生器同样采用了数字频率直接合成技术,有许多模拟信号发生器无法比拟的优点,如频率精度高、无量程限制、信号过渡时间极短、波形精度高、不同方式和全程扫描特性好、调整功能强、全数字化控制、稳定可靠等,但由于采用 DDS 专用器件,缺乏灵活性,功能受限于专用芯片的既定功能,不仅无法满足用户许多特定功能的要求,而且不少专用功能也无法实现。任何一台功能强大的 DDS 函数信号发生器都不可能完全满足用户,特别是通信系统或一些电子系统设计领域的用户的需求,如一些特定编码方式或调制方式的信号发生功能和解调功能等。

目前,绝大多数 DDS 函数信号发生器的 AM 信号是靠模数结合,如使用模拟乘法器等方式生成的,因此在数字通信中没有实用价值。可重构型 DDS 函数信号发生器基于 EDA/

SOPC 设计技术及数控振荡器 NCO/DDS、AM 纯数字发生器、数字锁相环等 IP 核,彻底修复了普通 DDS 函数信号发生器的传统缺陷,而且整体功能和性能都有了质的飞跃。

DDS 函数信号发生器的主要模块和电路结构在实验主板的左上侧。除了左侧的 DDS 主模块、液晶显示屏和 4×4 键盘外,在右上侧还有许多功能模块和信号通道。

(1) A 通道。这是 DDS 函数信号发生器模拟信号输出通道的 A 通道(此信号发生器可以输出双通道模拟信号),如正弦波信号等,幅度最大为 +/-10 V,可通过电位器调谐。

(2) TTL 信号输出口。这是 DDS 函数信号发生器的 TTL 信号输出口。

(3) B 通道。在主系统标注"4",是 DDS 函数信号发生器模拟信号输出通道的 B 通道的信号口。如果需要得到 B 通道的模拟信号输出,必须将此 B 通道口与某一 DAC 的输入接口相接,然后得到输出信号。此通道在平台的左上方 J2 口。

(4) 信号测试输入口,即 TTL 输入口。可以通过 DDS 函数信号发生器测试此口输入信号的频率、脉宽、占空比等。数字调制信号和扫频信号外部控制时钟也可通过此口接入。

(5) 调谐电位器。有两个电位器,一个用于调谐输出模拟信号的幅度,另一个用于调谐信号的偏移电平。

标注说明如下:

标注"1"是此板上 Cyclone FPGA JTAG 下载口,此口可对 FPGA 二次开发,用户可根据自己的需要来开发。

标注"2"是系统复位键,可对系统初始化。

标注"3"是单片机 8253 编程口。

标注"4"是十四芯线接 20×4 液晶及 4×4 键盘的接插口,是 DDS 显示和操作的接口,对应的是 20×4 液晶模块的标注"1"。

注意:一般情况下不要清除和覆盖 FPGA 及单片机的程序,否则将无法运行 DDS 功能。

八、20×4 字符型液晶显示模块

模块结构如附图 1.10 所示。此模块作为 DDS 显示模块时,应插在 A3 座上。

标注说明如下:

标注"1"作为 DDS 模块显示时,此接口是通过十四芯线连接到 DDS 模块的标注"4"的接口上,再把标注"2"端口利用十芯线连接到 4×4 键盘的标注"1"的接口上,这样就构成了 DDS 的硬件操作系统。

标注"2"是此液晶的 8 位数据控制端口。

标注"3"是此液晶的功能控制端口。

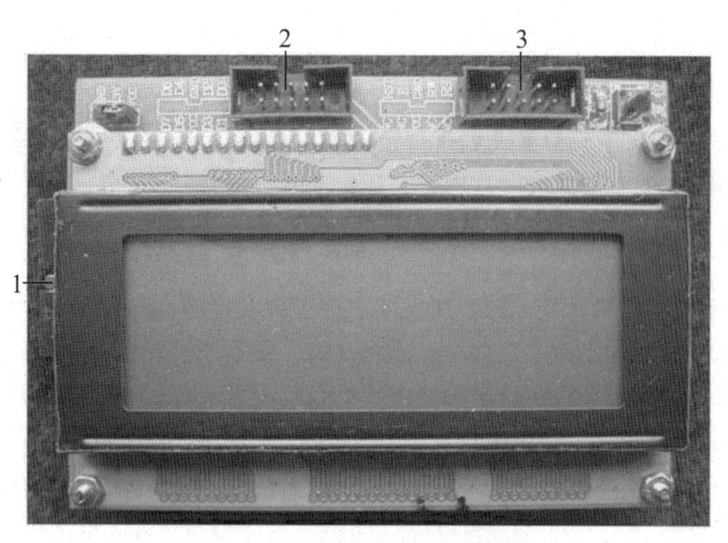

附图1.10　20×4 液晶显示模块

九、SD＋PS2＋RS232＋VGA显示接口模块

模块结构如附图1.11所示。

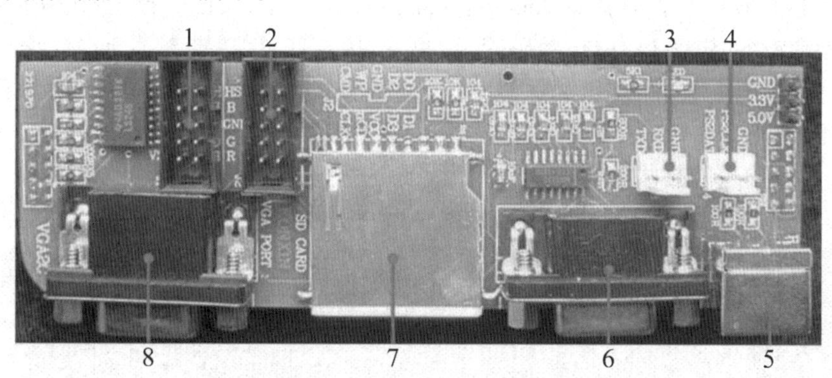

附图1.11　SD＋PS2＋RS232＋VGA 显示接口模块

标注说明如下：

标注"1"是 VGA 接口的控制端口。

标注"2"是 SD 卡的控制端口。

标注"3"是 RS232 的 TXD 和 RXD 端口，可用单线连接。

标注"4"是 PS/2 的控制端口。

标注"5"是 PS/2 的接插口，可插键盘或鼠标。

标注"6"是 RS232 接插口。

标注"7"是插 SD 卡的接插口。

标注"8"是 VGA 接插口。

附录 2　基于 FPGA 的数字系统实验平台介绍

本套数字系统实验平台是专门针对数字电路课程开发的，要求覆盖基础功能、简单易用并具有一定的扩展性，但不追求大而全。结合学校一线教学经验，我们将开发板的核心芯片型号选定为 EP4CE6F17C8N，在外围功能模块的设计上，则以简洁直观、小巧易携带为目标。该数字系统实验平台主要包括以下模块：板载 USB-Blaster 电路，实现由一根线供电和调试；输出显示类，如 LED 灯、数码管；输入操作类，如按键开关、拨动开关；发声及音频类，如蜂鸣器；对外通信接口类，如 UART 转 USB 接口；存储器类，如 FLASH 存储器、EEPROM 存储器。

2.1　MINI_FPGA 开发板的结构

MINI_FPGA 开发板的结构如附图 2.1 所示，主要包括三个部分：

（1）核心 FPGA 芯片，选用含 256 个管脚的 FPGA 芯片 Cyclone Ⅳ EP4CE6F17C8N。

（2）外围设备，包含 LED 灯、数码管、蜂鸣器、按键开关、拨动开关、JTAG 接口和 UART 接口等。开发板的上方、下方和左方共有 76 个通用 IO 口，加上一定数量的 GND 或 Power 通道。另外，为降低携带难度，开发板上还集成了下载器电路、外扩存储器、电源与一个能产生 50 MHz 时钟信号的晶体振荡器。

（3）USB 下载电缆，实现计算机与 MINI_FPGA 开发板之间的传输功能。

附图 2.1　MINI_FPGA 开发板的结构

2.2　FPGA 核心芯片介绍

1. Cyclone Ⅳ E 系列器件资源。

Cyclone Ⅳ E 系列器件展示了 Altera 在交付高功效 FPGA 方面的领先优势。在 Cyclone Ⅲ FPGA 的基础上,对体系结构和硅片进行改进,采用高级半导体工艺技术,并且为用户提供全面的功耗管理工具,将功耗降低了 25%。Cyclone ⅣE 系列器件具有以下特性:

(1) 低成本、低功耗的 FPGA 架构。

(2) 6K 到 150K 的逻辑单元。

(3) 高达 6.3 MB 的嵌入式存储器。

(4) 高达 360 个 18×18 乘法器,实现 DSP 处理密集型应用。

(5) 协议桥接应用,实现小于 1.5 W 的总功耗。

本实验平台选定芯片型号为 EP4CE6F17C8N,含 256 个管脚,6 272 个逻辑单元,采用 BGA 封装,具体芯片资源如附图 2.2 所示。

Resources	EP4CE6	EP4CE10	EP4CE15	EP4CE22	EP4CE30	EP4CE40	EP4CE55	EP4CE75	EP4CE115
Logic elements (LEs)	6 272	10 320	15 408	22 320	28 848	39 600	55 856	75 408	114 480
Embedded memory (Kbits)	270	414	504	594	594	1 134	2 340	2 745	3 888
Embedded 18 × 18 multipliers	15	23	56	66	66	116	154	200	266
General-purpose PLLs	2	2	4	4	4	4	4	4	4
Global Clock Networks	10	10	20	20	20	20	20	20	20
User I/O Banks	8	8	8	8	8	8	8	8	8
Maximum user I/O (1)	179	179	343	153	532	532	374	426	528

所选芯片资源

附图 2.2　Cyclone Ⅳ E 系列器件资源

2. Cyclone Ⅳ E 系列器件配置方式。

Cyclone Ⅳ E 系列器件有主动串行 AS(Active Serial)、主动并行 AP(Active Parallel)、被动串行 PS(Passive Serial)、快速被动并行 FPP(Fast Passive Parallel)和联合测试工作组 JTAG (Joint Test Action Group)这 5 种配置方式,使用时可根据需要选择其中一种或多种配置方式。但每次配置 FPGA 时只能使用其中一种方式,不能同时使用多种方式。

附图 2.3 是官方给出的 Cyclone Ⅳ E 系列器件的配置方式表。其中,主动模式是 FPGA 自动从外部存储器中读取配置数据存入 FPGA 内部,被动模式是由外部 MCU 提供配置所需的时序,控制配置数据输入 FPGA 内;串行模式(1 bit)与并行模式(8/16 bit)是根据配置 FPGA 时每个配置时钟周期所传输的配置数据位宽来划分的。JTAG 模式是最简单、最常用的一种配置方式,配置优先级高于其他模式。从附图 2.3 中注释(2)(3)也可以看出,选择 JTAG 模式与配置方式选择引脚 MSEL 所设置的电平值无关,而其他的模式选择都需通过设置 MSEL 来确定。

Configuration Scheme	MSEL3	MSEL2	MSEL1	MSEL0	POR Delay	Configuration Voltage Standard (V) (1)
AS	1	1	0	1	Fast	3.3
	0	1	0	0	Fast	3.0, 2.5
	0	0	1	0	Standard	3.3
	0	0	1	1	Standard	3.0, 2.5
AP	0	1	0	1	Fast	3.3
	0	1	1	0	Fast	1.8
	0	1	1	1	Standard	3.3
	1	0	1	1	Standard	3.0, 2.5
	1	0	0	0	Standard	1.8
PS	1	1	0	0	Fast	3.3, 3.0, 2.5
	0	0	0	0	Standard	3.3, 3.0, 2.5
FPP	1	1	1	0	Fast	3.3, 3.0, 2.5
	1	1	1	1	Fast	1.8, 1.5
JTAG-based configuration (2)	(3)	(3)	(3)	(3)	—	—

Notes to Table 8–5:

(1) Configuration voltage standard applied to the V_{CCIO} supply of the bank in which the configuration pins reside.

(2) JTAG-based configuration takes precedence over other configuration schemes, which means the MSEL pin settings are ignored.

(3) Do not leave the MSEL pins floating. Connect them to V_{CCA} or GND. These pins support the non-JTAG configuration scheme used in production. Altera recommends connecting the MSEL pins to GND if your device is only using JTAG configuration.

附图 2.3　Cyclone Ⅳ E 系列器件的配置方式

在 MINI_FPGA 开发板中,由于只用到一片 FPGA 芯片,无须同时配合其他 FPGA 进行配置或控制。并且为了便于使用 JTAG 接口下载编译好的程序同时进行调试,配置方式最终选择为 AS 模式与 JTAG 模式。

3. 配置 MINI_FPGA 开发板。

MINI_FPGA 开发板包含一个存储有 FPGA 芯片配置数据的串行闪存存储器芯片(Serial Flash Memory)。每次开发板上电时,FPGA 芯片会自动从存储器中加载配置数据。使用 Quartus Ⅱ软件,用户可以随时重新配置 FPGA,并可以改变存储在非易失性 Serial Flash Memory 里面的数据。附图 2.4 是 MINI_FPGA 开发板的配置部分引脚电路图,选择 AS 模式与 JTAG 模式,以及配置相关的 FPGA 引脚说明如下:

(1) 配置状态引脚——nSTATUS。其为双向引脚,在配置 FPGA 时,一旦其由高电平转换为低电平,就表示配置出错,需要重新配置 FPGA。

(2) 配置控制引脚——nCONFIG。其为输入引脚,控制配置过程。在本设计中,当 nCONFIG 从高电平转换为低电平时 FPGA 复位;当 nCONFIG 从低电平转换为高电平时启动芯片配置,FPGA 主动从外部的 Serial Flash Memory 中读取配置数据并下载到 FPGA 内部,此即 AS 配置模式。

(3) 配置状态完成引脚——CONF_DONE。其为双向引脚,用以显示配置状态是否完成。在本设计中,当按下 MINI_FPGA 开发板上的 nCONFIG 键(按下时 nCONFIG 输入信号变为低电平)时,FPGA 复位,进入 AS 配置期间;当使用 JTAG 接口下载编译好的配置数据进入 FPGA 内部时,FPGA 处于 JTAG 配置期间。如附图 2.4 中①所示,当处于配置前和配

置期间时,FPGA 将 CONF_DONE 驱动为低电平,指示灯亮红灯;当配置数据装载无误并进入初始化阶段后,FPGA 将 CONF_DONE 拉为高电平,此时指示灯灭,配置完成。

(4) 配置时钟引脚——DCLK。其为双向引脚。在本设计中,当使用 AS 配置模式时,FPGA 通过此引脚与 Serial Flash Memory 连接,输出时钟并为 Serial Flash Memory 提供配置时序;当使用 JTAG 配置时,FPGA 采用开发板上的晶振所提供的时钟输入,输入管脚为 E1。

(5) 配置使能引脚——nCE。其为输入引脚,低电平有效。在本设计中,通过下拉电阻接地。

(6) 配置模式选择引脚——MSEL。除 JTAG 模式外的其他模式的选择都通过此引脚来确定,结合附图 2.3,在 AS 配置模式下将 MSEL[3:0]设置为 0010,采用标准上电复位延迟时间,配置数据电压标准为 3.3 V。

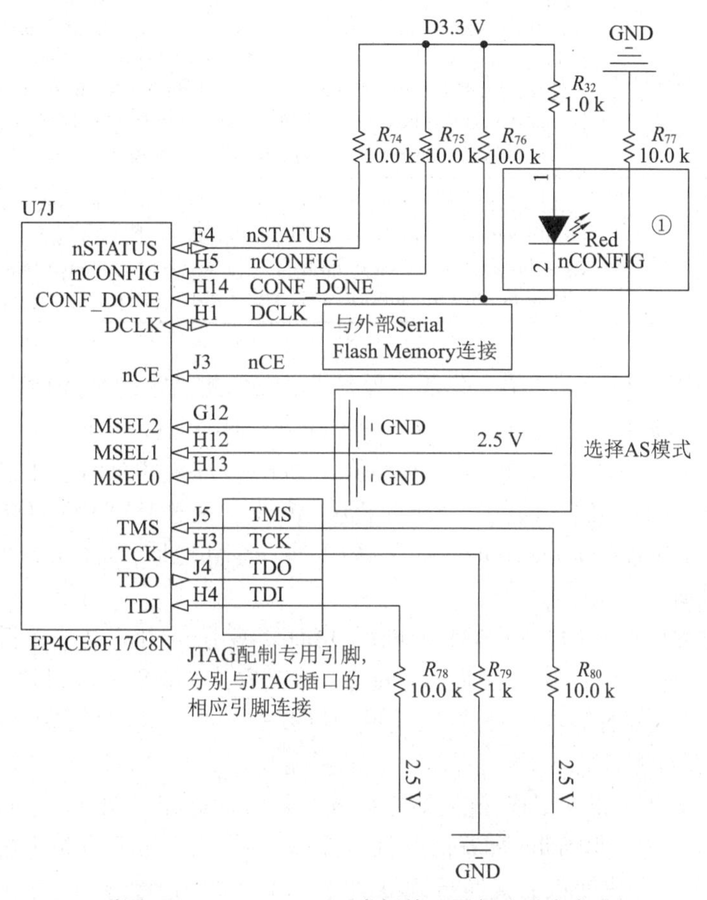

附图 2.4　MINI_FPGA 开发板的配置部分引脚电路

(7) 边界扫描信号引脚——TMS、TCK、TDO、TDI。此为 JTAG 配置专用引脚,具体说明见附表 2.1,分别为测试模式选择(TMS)、测试时钟(TCK)、测试数据输出(TDO)和测试数据输入(TDI)这 4 个信号。在本设计中,须将这 4 个引脚分别与 JTAG 插头的相应引脚连接。此外,为使 FPGA 正常工作时 JTAG 接口能可靠地处于旁路状态,必须把 TMS 引脚上拉,把 TCK 引脚下拉,把 TDI 引脚上拉。

附表 2.1 JTAG 配置专用引脚说明

Pin Name	Pin Type	Description
TDT	Test data input	Serial input pin for instructions as well as test and programming data. Data shifts in on the rising edge of TCK. If the JTAG interface is not required on the board, the JTAG circuitry is disabled by connecting this pin to V_{CC}. TDT pin has weak internal pull-up resistors (typically 25 kΩ)
TDO	Test data output	Serial data output pin for instructions as well as test and programming data. Data shifts out on the falling edge of TCK. The pin is tri-stated if data is not being shifted out of the device. If the JATG interface is not required on the board, the JTAG circuitry is disabled by leaving this pin unconnected.
TMS	Test mode select	Input pin that provides the control signal to determine the transitions of the TAP controler state machine. Transitions in the state machine occur on the rising edge of TCK. Therefore, TMS must be set up before the rising edge of TCK. TMS is evaluated on the rising edge of TCK. If the JTAG interface is not required on the board, the JTAG circuitry is disabled by connecting this pin to V_{CC}. TMS pin has weak internal pull-up resistors (typically 25 kΩ).
TCK	Test clock input	The clock input to the BST circuitry. Some operations occur at the rising edge, while others occur at the falling edge. If the JTAG interface is not required on the board, the JTAG circuitry is disabled by connecting this pin to GND. The TCK pin has an internal weak pull-down resistor.

AS 配置是 FPGA 配置方式中十分常用的方式。在此配置方式下,MINI_FPGA 需与外部的 Serial Flash Memory(等同于 EPCS16)连接 DCLK、nCSO(片选信号输出)、DATA0 和 ASDO(主动串行数据输出)这 4 个引脚。DCLK 引脚给 Serial Flash Memory 提供时钟信号;nCSO 给 Serial Flash Memory 提供片选信号;Serial Flash Memory 通过 DATA0 引脚给 FPGA 提供配置数据;ASDO 引脚向 Serial Flash Memory 发送读/写命令和地址,以及在 Serial Flash Memory 编程时用于写数据。

整个配置过程如下:(1) 当 FPGA 上电后,nCONFIG 信号由高电平转低电平使芯片复位,随后再由低电平转高电平以启动芯片配置,配置方式为 AS 模式,FPGA 主动从 Serial Flash Memory 中读取配置数据,当配置完成后,FPGA 进入初始化阶段,随后进入用户模式;(2) 当使用 JTAG 配置模式时,通过 JTAG 接口将编译好的配置数据下载至 FPGA 中,配置数据传输完成后,FPGA 正常工作,配置数据格式为静态存储器对象文件(sof)格式,在此模式下,一旦 FPGA 掉电,其内部的配置信息就会丢失;(3) 当按下开发板上的复位键并放开后,nCONFIG 信号电平先变低后又变高,重复过程(1)。可以通过观察开发板正面的复位键旁的指示灯的亮灭情况来判断配置是否完成,红灯亮表示正在配置中。

2.3 外围功能模块介绍

在 FPGA 的芯片型号和配置方式确定后,须制定开发板的外围功能模块的设计方案。MINI_FPGA 开发板的外围功能模块包含输入操作类、输出显示类、音频或发声类、外部晶振时钟、IO 扩展口类、存储器类、协议接口类和电源等模块。

1. 输入操作类模块。

此类模块主要用于向系统输入中断信号或操作信号,包含拨动开关和按键开关。

(1) MINI_FPGA 开发板提供了 8 个按键开关 KEY7—KEY0 和一个复位键 RESET,如附图 2.5 所示。复位键 RESET 的一端接地,另一端直接连接到 FPGA 的 nCONFIG 引脚,当按键被按下时,向 FPGA 输入一个低电平,nCONFIG 置为“低”;当按键未被按下时,nCONFIG 直接与上拉电阻相连,置为“高”。同理,按键开关 KEY7—KEY0 的一端接地,另一端直接与 FPGA 的相应引脚连接,当按键被按下时向 FPGA 的相应引脚输入低电平。

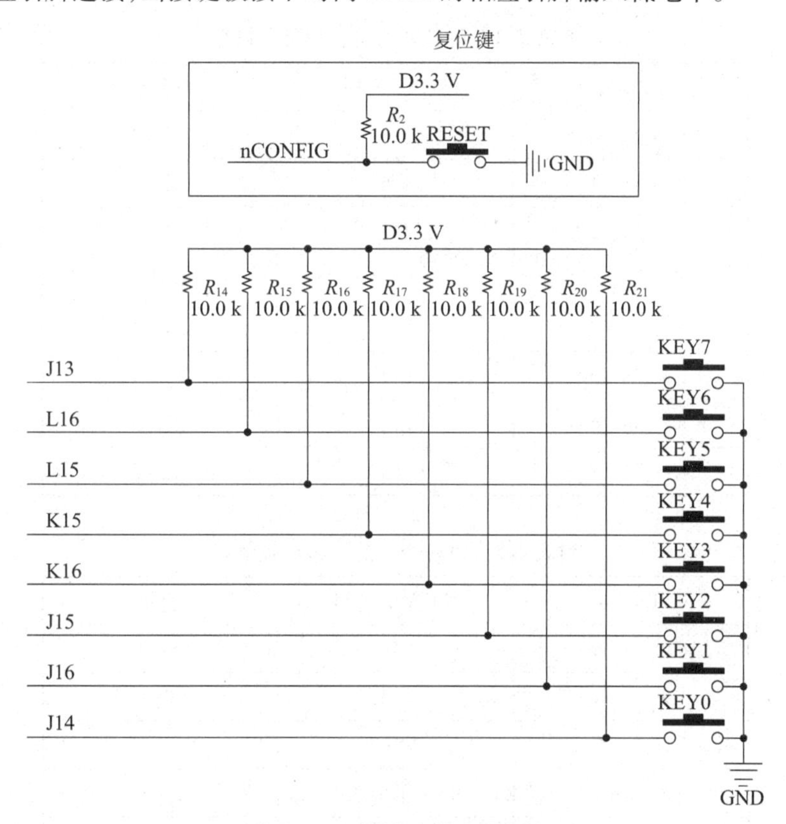

附图 2.5 按键开关连接电路

(2) MINI_FPGA 开发板上还有 8 个拨动开关 SW7—SW0,如附图 2.6 所示。当拨动开关处在 DOWN 位置(靠近开发板边缘)时向 FPGA 相应引脚输入低电平,当拨动开关在 UP 位置时向 FPGA 相应引脚输入高电平。

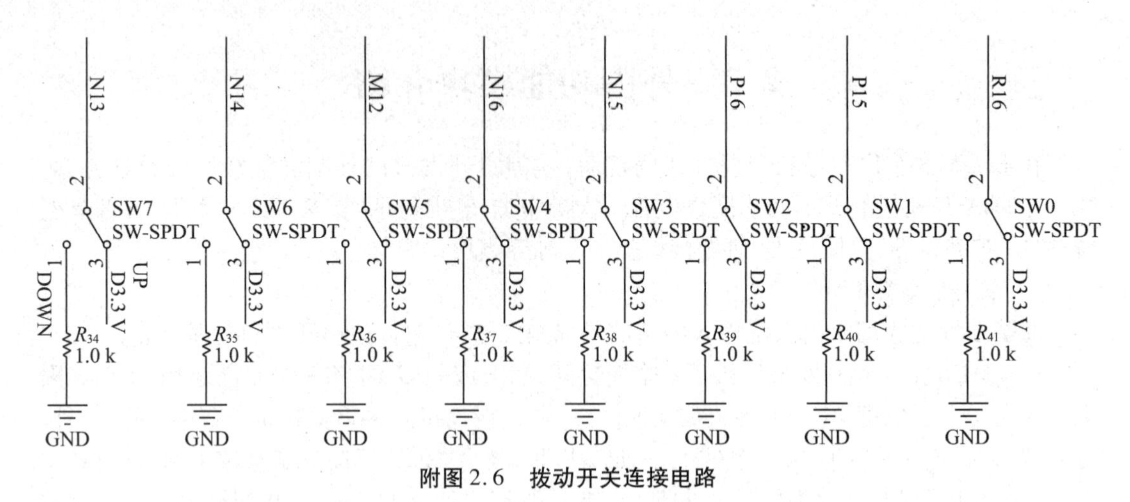

附图 2.6　拨动开关连接电路

附表 2.2 和附表 2.3 分别给出了按键开关和拨动开关的引脚配置信息。

附表 2.2　按键开关的引脚配置信息

信号名	FPGA 引脚号	说明
Key_In [0]	J14	KEY0
Key_In [1]	J16	KEY1
Key_In [2]	J15	KEY2
Key_In [3]	K16	KEY3
Key_In [4]	K15	KEY4
Key_In [5]	L15	KEY5
Key_In [6]	L16	KEY6
Key_In [7]	J13	KEY7

附表 2.3　拨动开关的引脚配置信息

信号名	FPGA 引脚号	说明
SW_In [0]	R16	SW0
SW_In [1]	P15	SW1
SW_In [2]	P16	SW2
SW_In [3]	N15	SW3
SW_In [4]	N16	SW4
SW_In [5]	M12	SW5
SW_In [6]	N14	SW6
SW_In [7]	N13	SW7

2. 输出显示类模块。

此类模块主要用于将实验结果通过指示灯或显示器(包含LED灯和数码管)表现出来。

(1) MINI_FPGA开发板提供了16个直接由FPGA控制的LED灯LED15—LED0,每一个LED灯都由FPGA芯片的一个引脚直接驱动,如附图2.7所示。当FPGA输出高电平时LED灯点亮,反之则熄灭。附表2.4给出了LED灯的引脚配置信息。

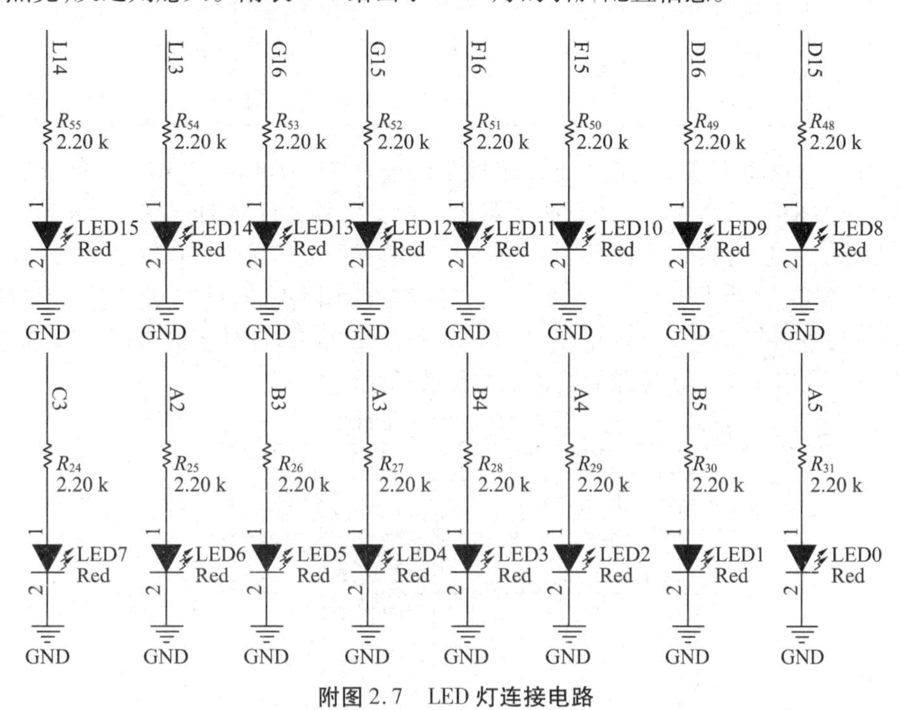

附图2.7　LED灯连接电路

附表2.4　LED灯的引脚配置信息

信号名	FPGA引脚号	说明
LED_Out [0]	A5	LED0
LED_Out [1]	B5	LED1
LED_Out [2]	A4	LED2
LED_Out [3]	B4	LED3
LED_Out [4]	A3	LED4
LED_Out [5]	B3	LED5
LED_Out [6]	A2	LED6
LED_Out [7]	C3	LED7
LED_Out [8]	D15	LED8
LED_Out [9]	D16	LED9
LED_Out [10]	F15	LED10

续表

信号名	FPGA 引脚号	说明
LED_Out [11]	F16	LED11
LED_Out [12]	G15	LED12
LED_Out [13]	G16	LED13
LED_Out [14]	L13	LED14
LED_Out [15]	L14	LED15

(2) MINI_FPGA 开发板上配有 6 个七段数码管 DIG1—DIG6(当 MINI_FPGA 开发板正放时,从左至右依次数过去),每个数码管都由一个专用片选信号 DigCS1—DigCS6 控制,如附图 2.8 所示。七段数码管的每个引脚(共阴模式)均连接到 FPGA 芯片(Cyclone Ⅳ EP4CE6F17C8N)上,当 FPGA 输出高电压时,对应的字码段点亮,反之则熄灭。七段数码管的片选信号也直接与 FPGA 引脚相连,当 FPGA 输出低电压时,对应的数码管被选中,反之则不被选中。附表 2.5 给出了数码管的引脚配置信息。

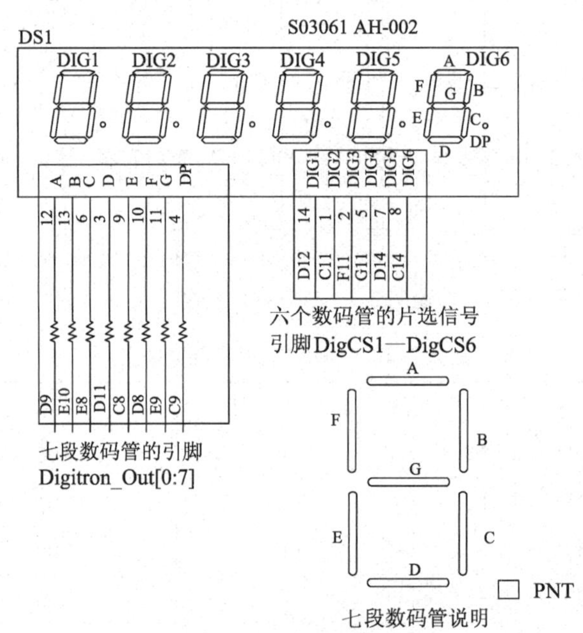

附图 2.8　数码管连接电路

附表 2.5　数码管的引脚配置信息

信号名	FPGA 引脚号	说明
Digitron_Out [0]	D9	字码段 A
Digitron_Out [1]	E10	字码段 B
Digitron_Out [2]	E8	字码段 C

续表

信号名	FPGA 引脚号	说明
Digitron_Out [3]	D11	字码段 D
Digitron_Out [4]	C8	字码段 E
Digitron_Out [5]	D8	字码段 F
Digitron_Out [6]	E9	字码段 G
Digitron_Out [7]	C9	字码段 DP
DigitronCS_Out [0]	C14	片选信号 DigCS6
DigitronCS_Out [1]	D14	片选信号 DigCS5
DigitronCS_Out [2]	G11	片选信号 DigCS4
DigitronCS_Out [3]	F11	片选信号 DigCS3
DigitronCS_Out [4]	C11	片选信号 DigCS2
DigitronCS_Out [5]	D12	片选信号 DigCS1

3. 音频或发声类模块。

此类模块主要用于系统报警器或发声功能,包含一个无源蜂鸣器。

MINI_FPGA 开发板上配有一个扬声器,经过功率放大电路后与 FPGA 的引脚相连,如附图 2.9 所示。当 FPGA 芯片输出低电平时,蜂鸣器发声。通过改变高低电平翻转的频率可以调节蜂鸣器的发声频率。附表 2.6 给出了蜂鸣器的引脚配置信息。

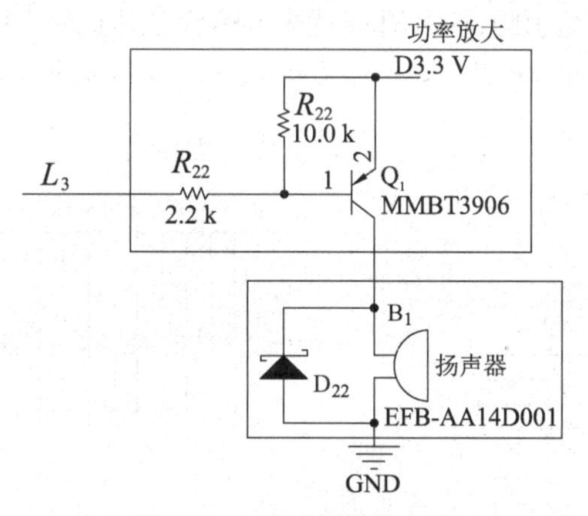

附图 2.9 蜂鸣器连接电路

附表 2.6 蜂鸣器的引脚配置信息

信号名	FPGA 引脚号	说明
Buzzer_Out	L3	蜂鸣器

4. 外部晶振时钟模块。

MINI_FPGA 开发板上包含一个生成 50 MHz 频率时钟信号的晶体振荡器,如附图 2.10 所示。该时钟信号直接与 FPGA 芯片引脚相连,用来驱动 FPGA 内部的用户逻辑电路。附表 2.7 给出了时钟信号的引脚配置信息。

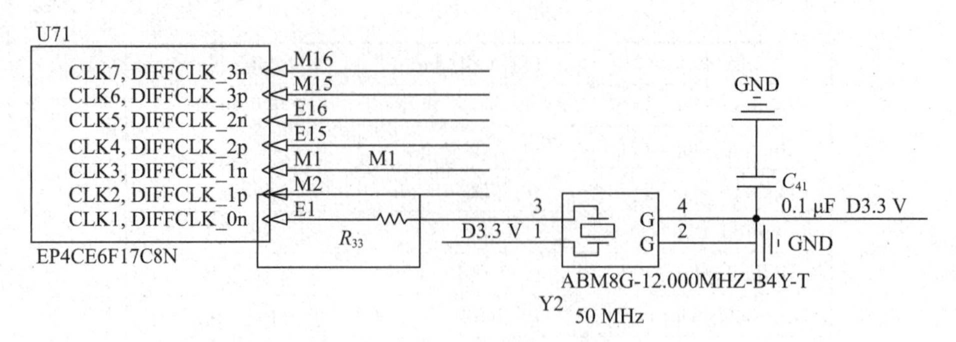

附图 2.10　晶体振荡器连接电路

附表 2.7　时钟信号的引脚配置信息

信号名	FPGA 引脚号	说明
CLK	E1	50 MHz clock input

5. IO 扩展口模块。

此类模块主要用于向系统输入信号或输出由系统产生的信号。MINI_FPGA 开发板上提供了一个 40 引脚的 IO 接口模块 J7 和两个 24 引脚的 IO 接口模块 P1、P2，如附图 2.11 所示。J7 模块中有 36 个引脚直接连接到 FPGA 芯片 Cyclone Ⅳ EP4CE6F17C8N，并提供 Vbus 和 3.3 V 电压引脚及两个接地引脚，其中 Vbus 是由 USB 总线传送的 5 V 电压；P1 模块中有 21 个引脚直接连接到 FPGA 芯片，并提供 3.3 V、Vbus 电压引脚和接地引脚；P2 结构与 P1 相同。

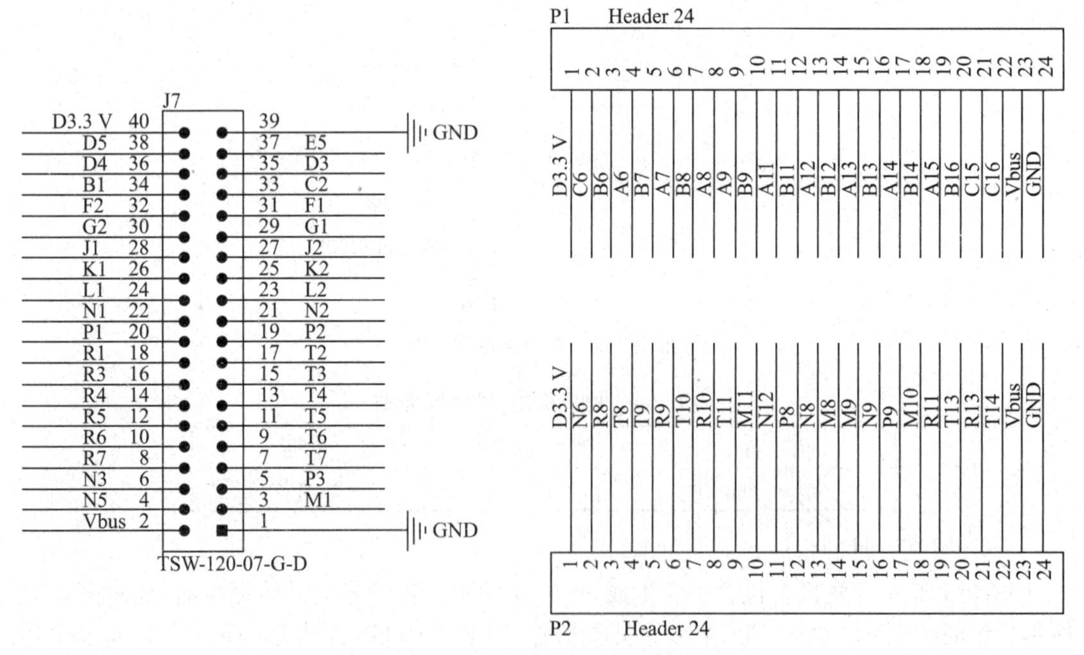

附图 2.11　通用 IO 接口引脚连接电路

6. 存储器类模块。

存储器主要用于嵌入式开发和数据存储等需要。常用的存储器一般分为RAM(Random Access Memory)类和ROM(Read Only Memory)类。RAM类主要是以SDRAM和SRAM技术为基础的随机存取存储器,访问速度快,掉电丢失数据,通常被用作系统缓存或内存;ROM类主要是以FLASH技术和EEPROM(Electrically Erasable Programmable Read Only Memory)为主的可编程只读存储器,掉电不丢失数据,通常被用作系统数据存储器或程序存储器。

(1) MINI_FPGA开发板上提供了一个串行闪存存储器芯片(Serial Flash Memory),用于存储FPGA芯片上电后的配置数据,如附图2.12所示。该FLASH存储器的CLK信号、CS信号、DO信号、DI信号分别与FPGA芯片的配置相关引脚连接。

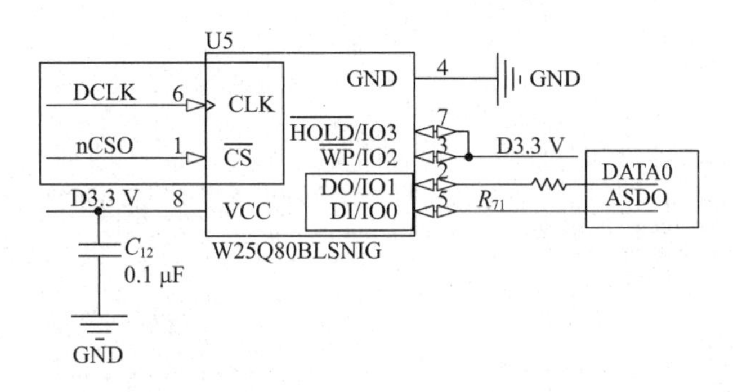

附图2.12 Serial Flash Memory连接电路

(2) MINI_FPGA开发板上配有支持I2C协议接口的EEPROM芯片,如附图2.13所示。EEPROM是电可擦除可编程存储器,该芯片的SCL和SDA引脚分别与FPGA芯片的管脚R14和T15相连,可用作系统程序类存储器。

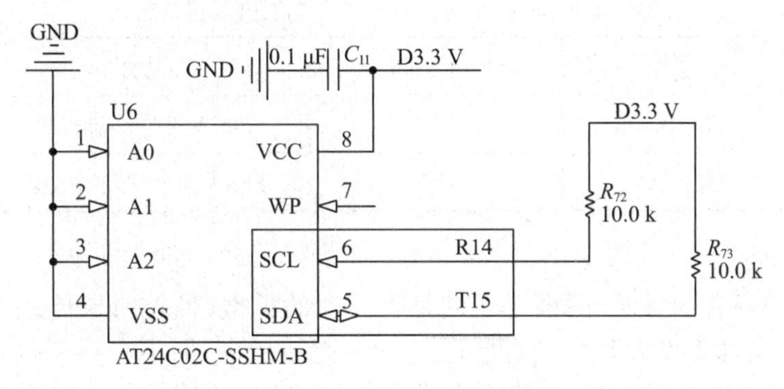

附图2.13 EEPROM连接电路

7. 协议接口类模块。

MINI_FPGA开发板上集成了一个USB转UART的转接电路,如附图2.14所示。这使得FPGA板卡与PC进行数据交互变得简单,直接使用USB数据线将PC与开发板上的UART2USB接口相连,USB数据经过此电路后转化为UART协议的形式进入FPGA中。需要注意的是,图中的TXD引脚是由该电路向FPGA芯片发送UART协议的数据,RXD引脚是由该电路接收由FPGA芯片向外部发送的UART协议的数据,在配置引脚时须弄清数据传输的方向。附表2.8给出了进行UART通信时FPGA的引脚配置信息。

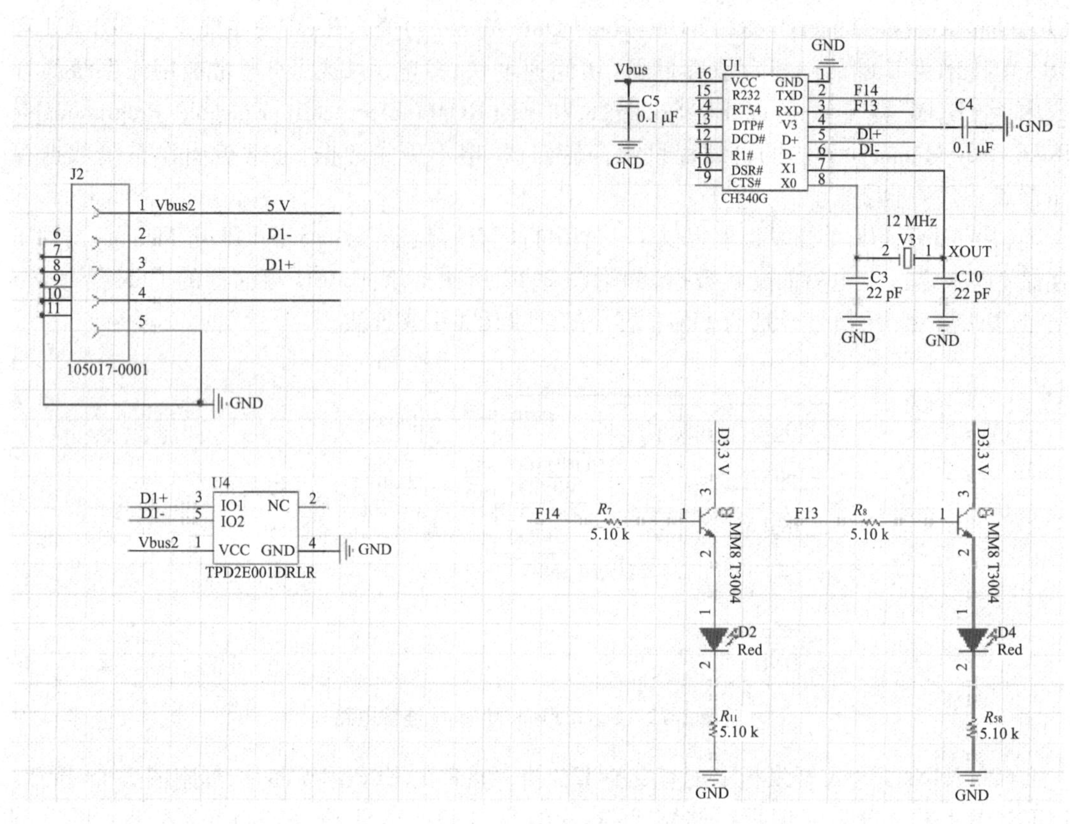

附图2.14　USB转UART连接电路

附表2.8　UART通信时FPGA的引脚配置信息

信号名	FPGA引脚号	说明
RX_In	F14	FPGA接收外部数据
TX_Out	F13	FPGA向外部发送数据

8. 电源模块。

USB的电缆内有四根线,两根传送的是差分对的数据,另外两根传送的是5 V的电压,当外围设备的功率不大时可以直接通过USB总线供电,而不必再外接电源。为减少携带难度,MINI_FPGA开发板上直接集成了电源电路,如附图2.15所示。Vbus是由USB总线传送的5 V电压,使用开关电源RT8059,经过电路降压后产生了3.3 V、2.5 V和1.2 V的电源。

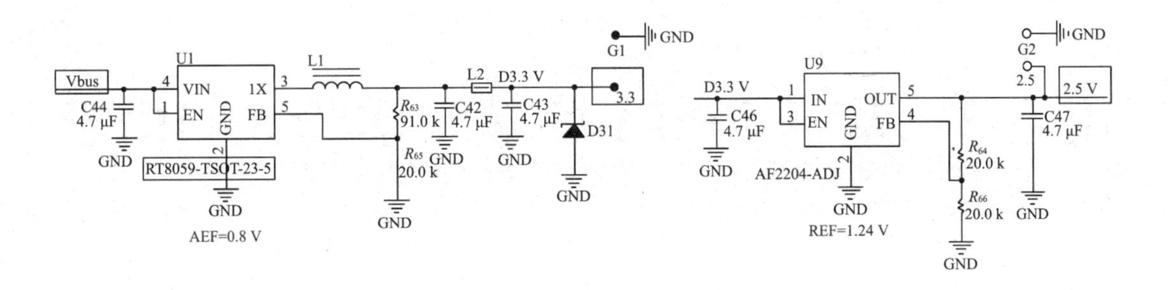

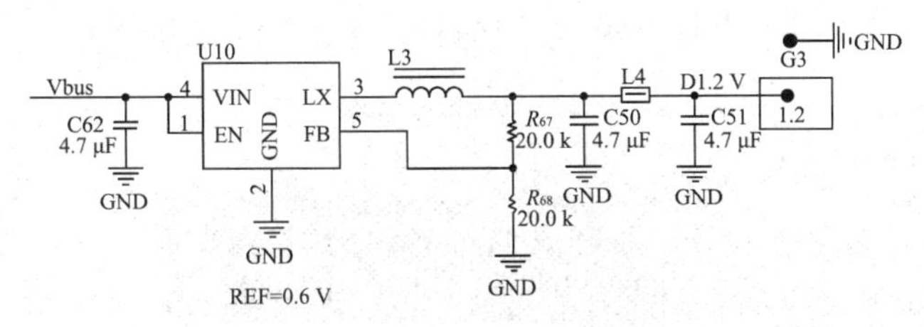

附图2.15　电源部分电路

附录3　基于 FPGA 的数字实验入门向导

1. 创建工程。

启动 Quartus,单击“File”→“New Project Wizard”命令,如附图 3.1 所示,创建一个新工程,出现如附图 3.2 所示的界面,按照要求添加工程目录和工程名后,单击“Next”按钮。

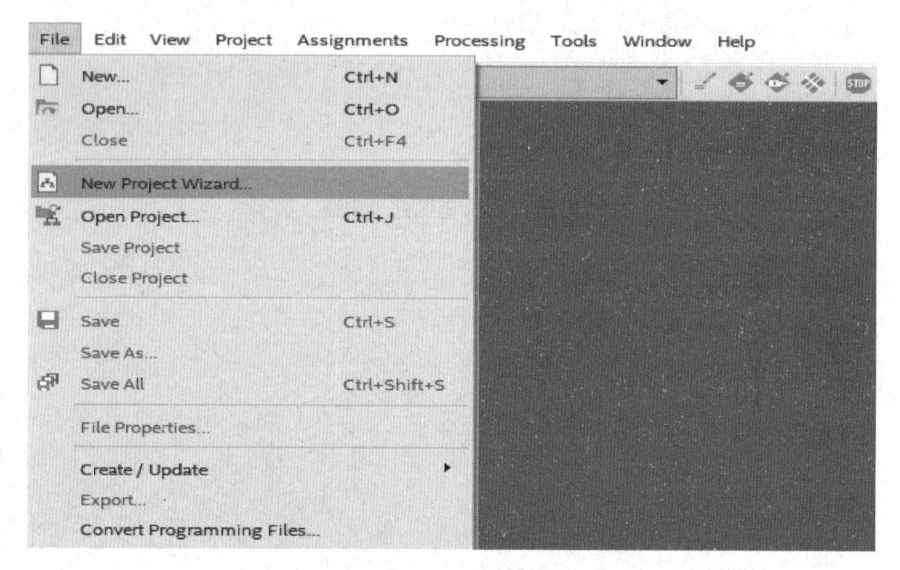

附图 3.1　创建工程

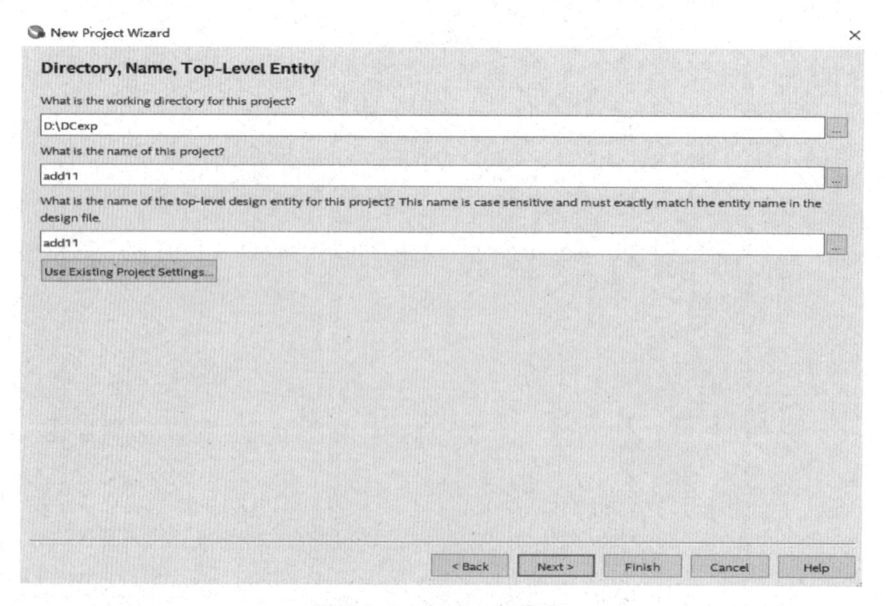

附图 3.2　创建工程界面

确定工程名之后对芯片进行选型，选择芯片型号为 EP4CE6F17C8，如附图 3.3 所示，然后单击“Finish”按钮，完成工程的建立。

New Project Wizard

Family, Device & Board Settings

Device　Board

Select the family and device you want to target for compilation.
You can install additional device support with the Install Devices command on the Tools menu.

To determine the version of the Quartus Prime software in which your target device is supported, refer to the Device Support List webpage.

Device family
Family: Cyclone IV E
Device: All

Show in 'Available devices' list
Package: Any
Pin count: Any
Core speed grade: Any
Name filter:
Show advanced devices

Target device
Auto device selected by the Fitter
Specific device selected in 'Available devices' list
Other: n/a

Available devices:

Name	Core Voltage	LEs	Total I/Os	GPIOs	Memory Bits	Embedded multiplier 9-bi
EP4CE6F17C8	1.2V	6272	180	180	276480	30

< Back　Next >　Finish　Cancel　Help

附图 3.3　芯片选型

2. 新建顶层文件。

在新建的工程中单击“File”→“New”命令，出现如附图 3.4 所示的界面。选择“Block Diagram/Schematic File”创建原理图文件，文件为.bdf 格式。原理图界面如附图 3.5 所示。

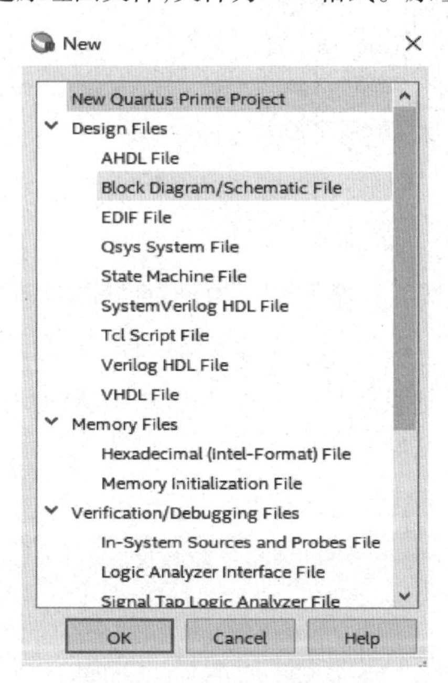

附图 3.4　创建原理图文件

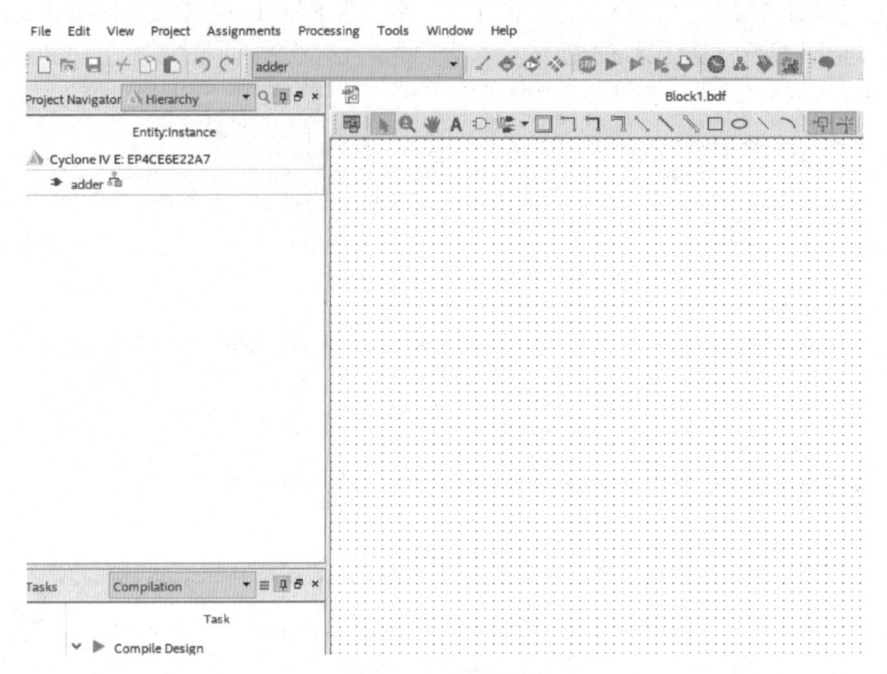

附图 3.5 原理图界面

在原理图界面绘出如附图 3.6 所示的电路图。

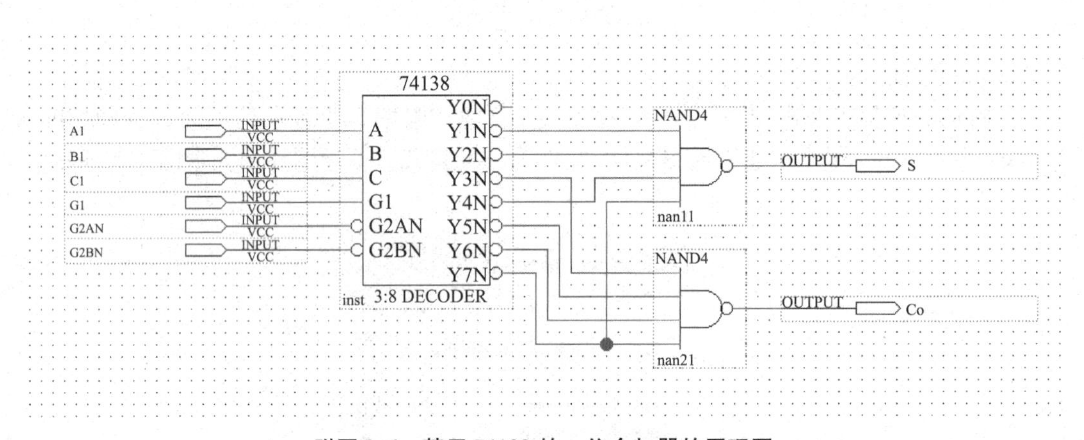

附图 3.6 基于 74138 的一位全加器的原理图

在原理图界面，单击鼠标右键，出现如附图 3.7 所示的界面。单击“Insert”→“Symbol”命令，在附图 3.8 中依次调入元件 74138、NAND4、I/O input 和 output，连线，修改引脚属性，完成如附图 3.6 所示的电路图。

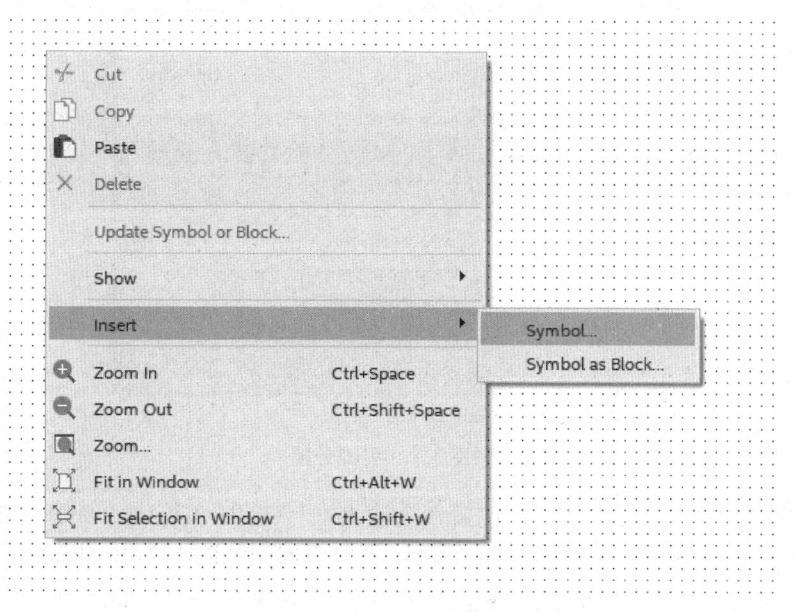

附图3.7　元件输入界面

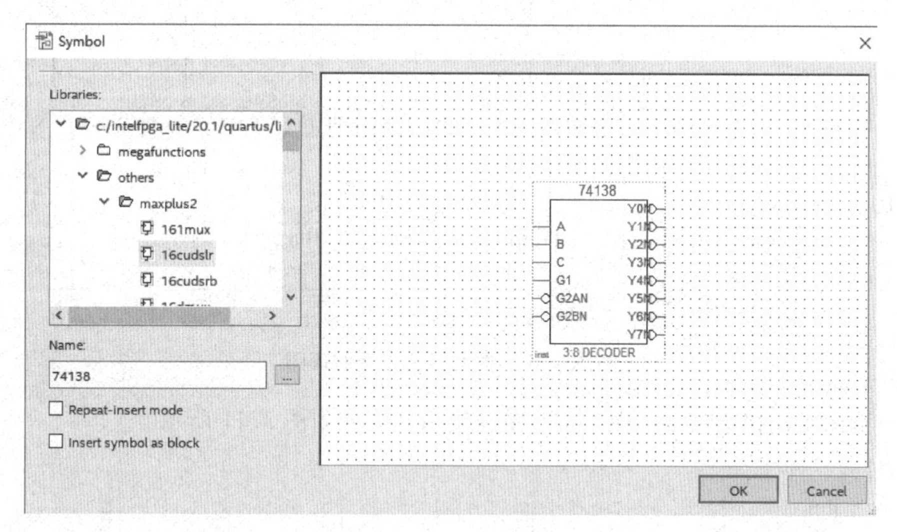

附图3.8　元件输入

在软件中设置与FPGA板卡相关引脚的连接。其中输入A1、B1、C1分别连接三个开关,开关的开闭表示0与1的转换,即加数、被加数、进位端。输出S和Co连接两个LED灯,灯的亮灭表示现在的状态,亮为1,灭为0。G1、G2AN、G2BN也接开关控制,其中G1接VCC,G2AN、G2BN接GND时全加器正常工作。

3. 引脚分配。

单击界面的"Assignments"→"Pin Planner",进入引脚分配界面,如附图3.9所示。

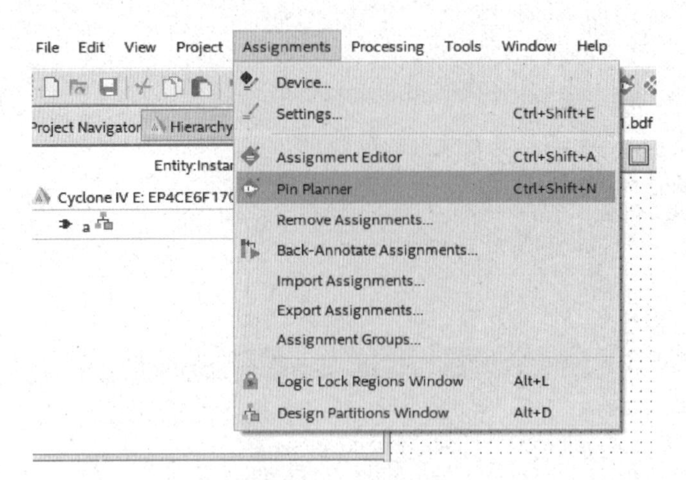

附图 3.9　引脚分配

需要配置与 FPGA 连接的引脚,包括六个输入端(A1、B1、C1、G1、G2AN、G2BN)以及两个输出端(S、Co)。其中输入端连接拨动开关,参考原理图如附图 3.10 所示。

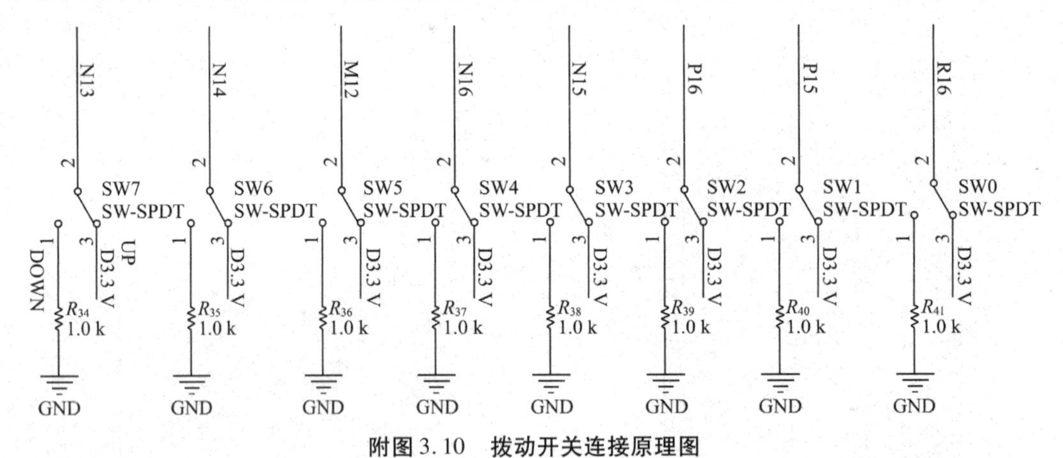

附图 3.10　拨动开关连接原理图

两个输出端连接 LED 灯,在 FPGA 中连接原理图如附图 3.11 所示。

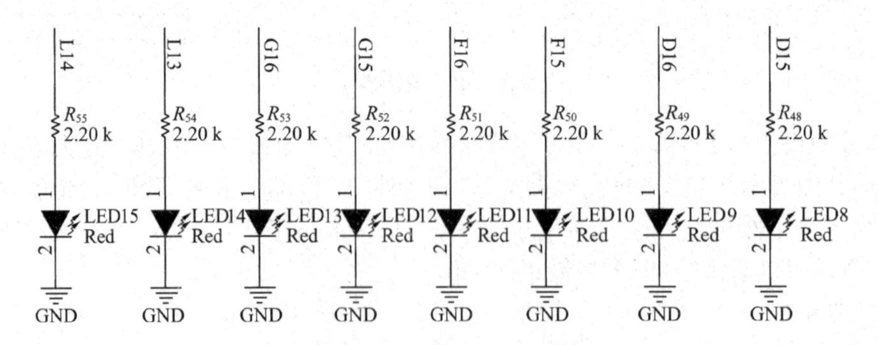

附图 3.11　LED 灯连接原理图

最终得到的界面如附图 3.12 所示。

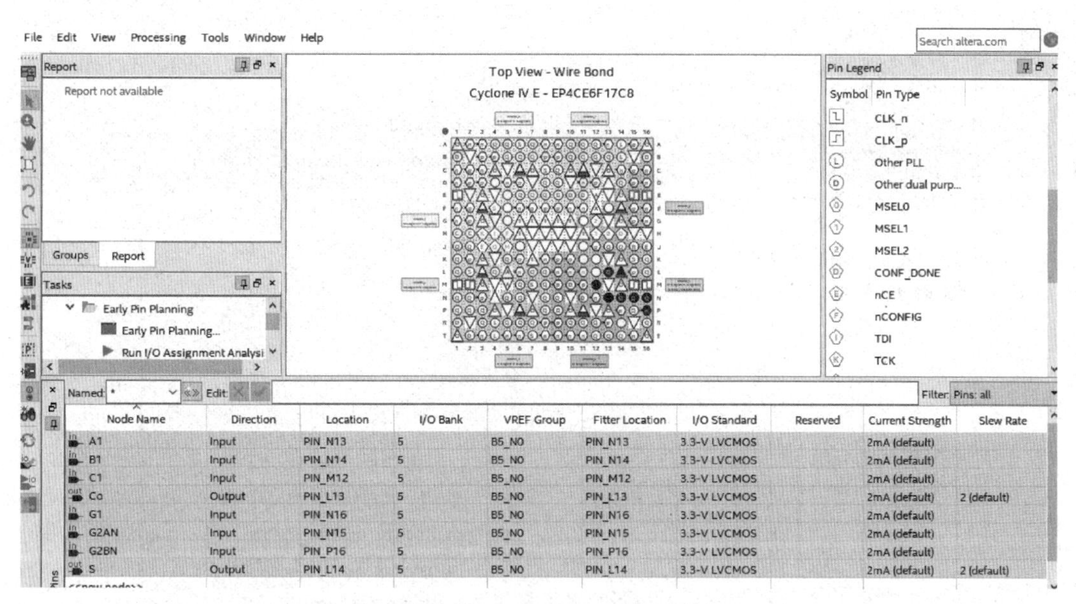

附图 3.12　引脚设计示意图

4. 编译并下载。

对文件进行编译操作,单击“Processing”→“Start Complication”命令,或单击附图 3.13 所示的编译按钮 ▶,即启动了完全编译。

附图 3.13　编译示意图

编译成功示意图如附图 3.14 所示。如果编译失败,在最下方会输出失败原因,方便进行定位。

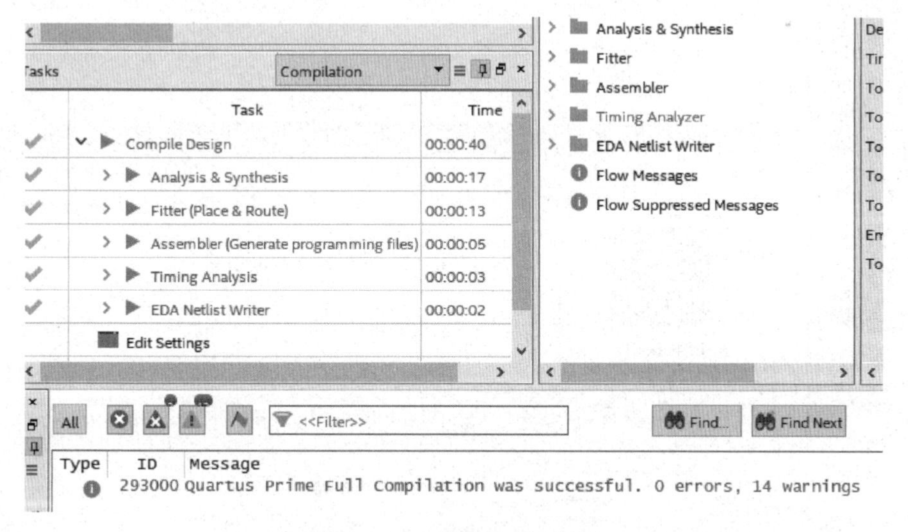

附图 3.14　编译成功示意图

连接口袋试验箱，单击“Tools”命令，如附图 3.15 所示。单击“Programmer”命令，出现如附图 3.16 所示的下载界面。

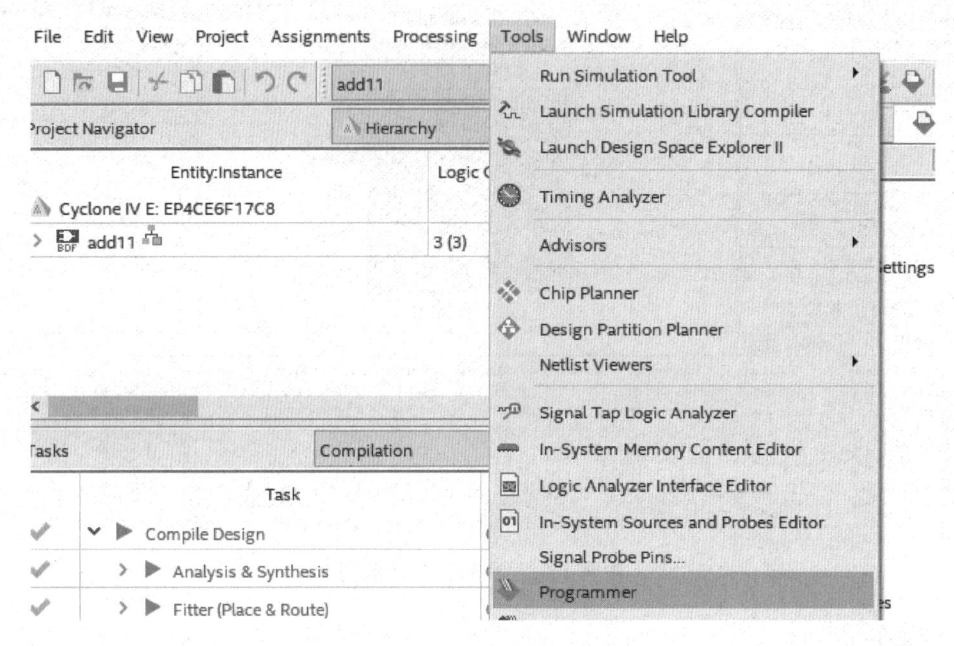

附图 3.15　打开界面示意图

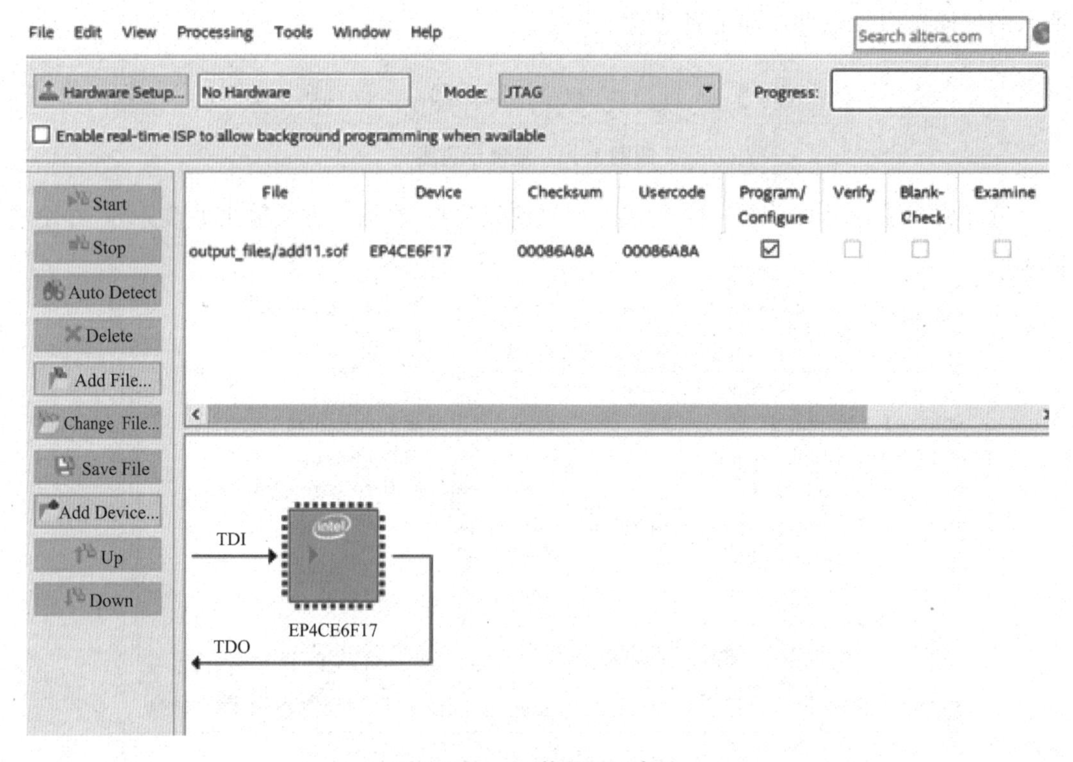

附图 3.16　下载界面示意图

单击“Hardware Setup”检测硬件设备，使得计算机和 FPGA 板卡通过串口进行连接。选

中已完成的工程“add11”，单击“Start”进行下载。下载成功后就可以在FPGA板卡上观察到自己设计的电路图的实验现象。

练习：用74138型号的3-8译码器实现一位全减器电路。

步骤1：列出真值表。全减器真值表如附表3.1所示，其中A表示被减数，B表示减数，Di表示本位最终运算结果，Ci表示低位是否向本位借位，Ci+1表示本位是否向高位借位。

附表3.1 全减器真值表

A	B	Ci	Di	Ci+1
0	0	0	0	0
0	0	1	1	1
0	1	0	1	1
0	1	1	0	1
1	0	0	1	0
1	0	1	0	0
1	1	0	0	0
1	1	1	1	1

全减器输出逻辑函数如下：

$$Di = A \oplus B \oplus C$$

$$Ci = BC + \overline{A}(B + C)$$

步骤2：根据真值表画出基于74138的一位全减器的逻辑电路图，输入为A、B、C，输出为Di、Ci+1。G1、G2AN、G2BN接开关控制。

步骤3：在Quartus中新建工程、bdf文件，在bdf文件中绘出电路连接图，如附图3.17所示，并在软件中设置与FPGA板卡相关引脚的连接。其中输入A、B、C分别连接三个开关，开关的开闭表示0与1的转换，即减数、被减数、借位端。输出Di和Ci+1连接两个LED灯，灯的亮灭表示现在的状态，亮为1，灭为0。G1、G2AN、G2BN接开关控制，其中G1接VCC，G2AN、G2BN接GND时全加器正常工作。

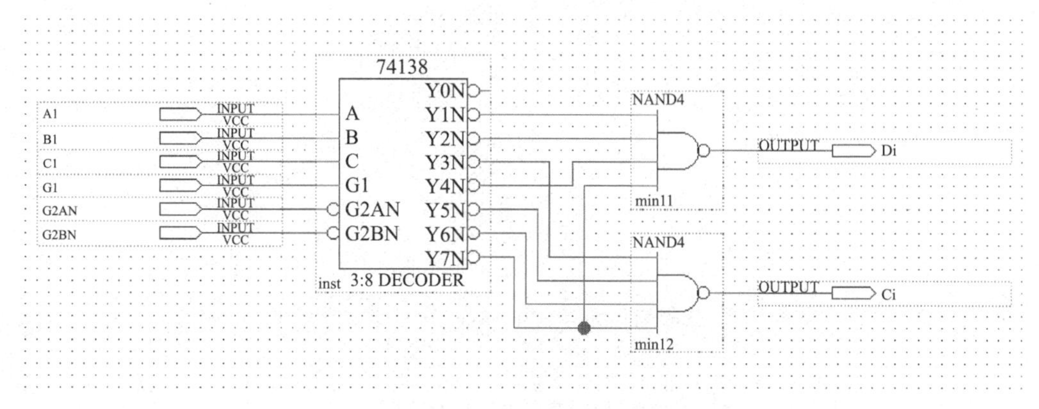

附图3.17 基于74138的一位全减器的原理图

步骤4：对工程进行引脚配置。打开引脚配置界面，像加法器一样配置六个输入端（A1、B1、C1、G1、G2AN、G2BN）以及两个输出端（Di、Ci），引脚配置图如附图3.18所示。

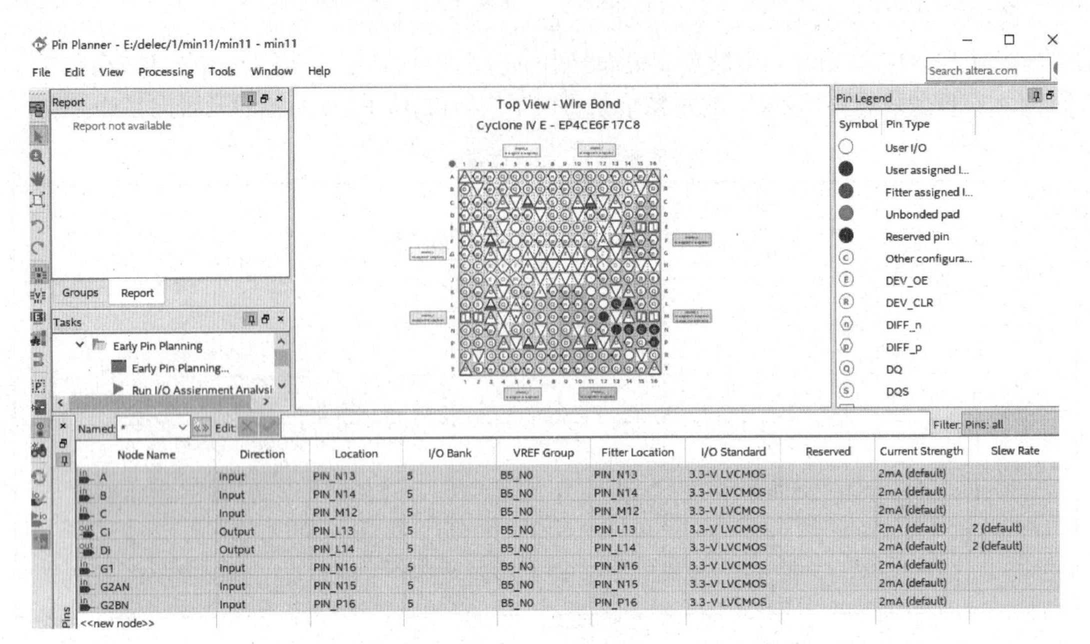

附图3.18　引脚配置图

步骤5：连接口袋试验箱，对工程进行编译。完成后打开下载界面，下载电路到FPGA板卡进行配置，观察实验结果。